分析化学实验

（第三版）

谢国梅等　编

ZHEJIANG UNIVERSITY PRESS
浙江大学出版社

图书在版编目(CIP)数据

分析化学实验/谢国梅等编. —3版. —杭州:浙江大学出版社,2002(2010.3重印)

ISBN 978-7-308-00158-8

Ⅰ.分… Ⅱ.谢… Ⅲ.分析化学—化学实验—高等学校—教材 Ⅳ.0652.1

中国版本图书馆CIP数据核字(2001)第095148号

分析化学实验(第三版)

谢国梅等 编

责任编辑 徐素君

出版发行 浙江大学出版社

(杭州天目山路148号 邮政编码310007)

(网址:http://www.zjupress.com)

排　　版 杭州中大图文设计有限公司

印　　刷 德清县第二印刷厂

开　　本 850mm×1168mm 1/32

印　　张 4

字　　数 105千

版 印 次 2010年3月第3版 2010年3月第10次印刷

书　　号 ISBN 978-7-308-00158-8

定　　价 10.00元

版权所有 翻印必究 印装差错 负责调换

浙江大学出版社发行部邮购电话(0571)88925591

再版前言

本书是根据10余所高等农林牧院校的现行实验选编而成，所选实验经过多年的反复实践，适用于高等农林牧院校各个专业。

本书配合叶锡模等编《分析化学》使用。全书采用国家法定计量单位，用“物质的量”及其单位摩尔来处理化学反应中物质间量的关系。

分析化学是一门实践性很强的学科。通过分析化学实验课教学，既要培养学生严谨的科学作风、良好的操作习惯，还要使学生初步掌握分析化学手册和有关资料的查阅方法；掌握化学分析的基本知识，如常见离子的基本性质和鉴定，常见基准物质和指示剂的使用，常用的分析方法和有关操作，常用仪器设备的使用等；能对实验数据进行分析、计算和讨论，使学生化学分析的基本技能得到锻炼和提高，为今后的独立工作打下较好的基础。

本教材由谢国梅担任主编，曹艳霞、黄孟骅、陈雪桥、张起科（邯郸农业高等专科学校）、余德才、吴华、刘兴艳、雷发瑛担任副主编。参加本书编写的有：吴华（上海农学院）编写实验一、二；刘力（浙江林学院）编写实验三、四；陈雪桥（邯郸农业高等专科学校）编写实验五、六；谢国梅（北京农学院）编写实验七；周革菲（莱阳农学院）编写实验八、九；雷发瑛（青海畜牧兽医学院）编写实验十、十一；刘兴艳（四川畜牧兽医学院）编写实验十二、二十一；曹艳霞（邯郸农业高等专科学校）编写实验十三；刘展媚（仲恺农技学院）编写实验十四、十五；余德才（邯郸农业高等专科学校）编写实验十六、十七；孙芬芳（莱阳农学院）编写实验十八；杨洪弟（莱阳农学院)编写实验十九;黄孟骅(杭州电视大学)编写实验二十。

本书承蒙浙江农业大学叶锡模先生的热心关怀和审阅,编者表示衷心的感谢。

由于编者水平有限,教学经验不足,书中难免有缺点和错误,恳请广大师生批评指正。

编　者

1994 年 12 月

目　录

半微量定性分析基本操作

一、仪器的洗涤

在半微量定性分析中，仪器的清洁十分重要。许多定性反应灵敏度很高，仪器的玷污会导致错误的结论。

一般玻璃仪器可先用自来水冲洗，再用刷子蘸肥皂粉或去污粉刷洗、冲净。最后用少量去离子水淋洗 2～3 次。洗净的仪器应能完全被水润湿，不沾水珠。

若仪器内壁沾有油污时，可用酸性洗液浸泡或润洗一段时间，将洗液倒回原瓶（若洗液变绿则应弃去）。然后用自来水和去离子水①将仪器洗净。

二、试剂的取用

从试剂瓶取液时，启开的瓶塞应倒立在台面上，手持试剂瓶贴有标签的一侧，然后慢慢倒溶液。注意不要多取，若已多取，不得倒回原瓶中，以免玷污原液。取完试剂后及时盖好瓶塞。

从滴瓶取用试剂时，轻压橡皮乳头，使试剂吸入滴管，滴加时要保持滴管垂直，避免倾斜，尤忌倒立，否则试剂流入橡皮乳头，将试剂玷污并腐蚀橡皮乳头。滴管尖端不要触及容器内壁。用完试剂后，滴管要及时放回原瓶中，并将余液挤回原瓶。

三、离心沉降、离心液的移离和沉淀的洗涤

利用沉淀反应进行分离操作时，在离心管内进行。逐滴加入试剂，用玻璃棒在靠近管底处沿管壁搅拌（图 0-1）。反应完全后

① 去离子水可代替蒸馏水使用。

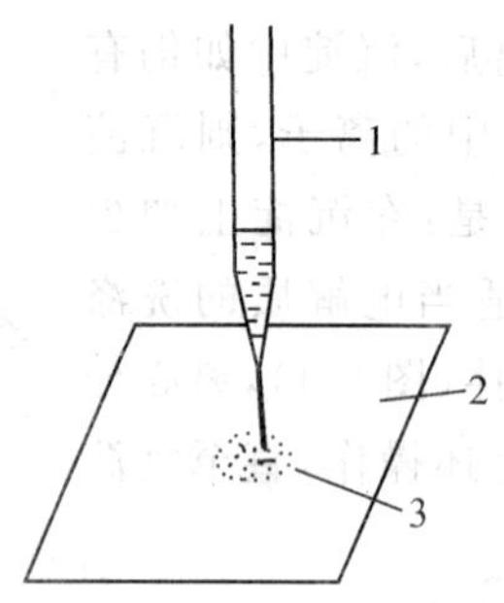

1—毛细管　2—反应纸　3—湿斑

图 0-5　在滤纸上进行的点滴反应

六、焰色反应

焰色反应的试样可以是固体，也可以是溶液。固体试样可将铂丝玻璃棒上的铂丝（或其他金属丝）用去离子水湿润，蘸上固体粉末（硫化物、砷化物除外）灼烧（铂丝不能在还原焰上高温灼烧）。液体试样可以用铂丝尖端的小环蘸取后置火焰中灼烧。

分析化学实验课的注意事项

一、实验前

预习是做好实验的基础。实验前要认真阅读有关实验教材，弄清实验目的、原理、主要操作步骤、注意事项、计算方法、实验中误差的来源等。同时，应做好预习报告，以便实验时参阅并进行记录。

预习报告的内容应包括：主要操作步骤、实验注意事项、实验数据的记录表格等。

二、实验时

1. 要认真进行每一步操作，仔细观察实验现象，并对实验所遇到的现象或问题联系理论认真思考，不能“照方撮药”式地做实验。

2. 随时把实验中出现的现象和必要的数据记录在预习报告中的相应表格内。实验的原始记录不得用铅笔填写，更不允许随意涂改实验数据。

3. 在正式实验前，要熟悉实验中所用的仪器和药品。不能随意进行实验，以免损坏仪器、浪费药品，甚至发生意外事故。

4. 自觉遵守实验室规则，养成良好的科学实验习惯，做到：

(1)不在实验室内吃、喝或吸烟；

(2)做实验时要安静、严肃，并保持实验台面整洁，仪器安置有序；

(3)爱护仪器，节约药品、水、电、煤气等；

(4)注意实验安全，防止中毒、爆炸、烧伤，勿使有腐蚀性的试剂溅到皮肤或衣物上、滴洒在实验台面或地面上，更不能随意乱甩；

(5)如发生仪器损坏，应及时报告教师，并进行登记、补发。

三、实验后

1.实验结束后，要把该洗涤的仪器清洗干净，将仪器、药品放回原指定位置，并擦净实验台面。最后由值日生负责打扫卫生，切断电源、水阀、煤气开关，关闭门、窗等；

2.将实验的原始记录交教师审阅后方能离开实验室；

3.及时整理实验结果和数据，写出实验报告。

实验报告的内容一般包括：实验名称，实验日期，实验目的，实验简要原理，实验内容的简要描述，实验数据及观察的现象，计算和分析结果(注意记录的有效数字并运用误差理论正确处理分析数据)，实验讨论(包括对实验现象的解释，分析产生实验误差的原因，完成实验的体会以及完成教师指定的思考问题等)。

实验一　阳离子分析

一、实验目的

1. 掌握阳离子与常用试剂的反应。

2. 掌握 NH_4^+、K^+、Na^+、Ca^{2+}、Mg^{2+}、Ba^{2+}、Pb^{2+}、Cu^{2+}、Hg^{2+}、Fe^{2+}、Fe^{3+}、Zn^{2+}、Mn^{2+}、Al^{3+} 离子的鉴定方法。

3. 学会综合利用阳离子分析特性和个别鉴定方法，检出未知液中的阳离子。

4. 学习半微量定性分析的基本操作。

二、原　理

本实验鉴定的 14 种阳离子是农业上常见的阳离子。通过阳离子与常用试剂的反应和个别鉴定，可使初学者进一步熟悉常见阳离子的共性和个性。

未知液分析方法有分别分析法和系统分析法。本实验采用分别分析法，先通过初步试验消去一些离子，然后拟定分析方案，必要时应用分离掩蔽的方法以排除干扰，检出离子。

三、仪器和试剂

(一)仪　器

离心试管 14 支；离心机 1 台；点滴板(白)1 块；表面皿 2 块(一大一小)；水浴锅 2 个；毛细滴管 1 支；滴管 1 支；铂丝；铜片 1 块；玻璃棒 1 支；pH 试纸；滤纸。

(二)试　剂

1. 阳离子练习试液

练习试液 14 种，每毫升含阳离子 10mg。

2. 特殊试剂

(1)奈斯勒(Nessler)试剂:将 115gHgI_2 和 80gKI 溶于足量水中,稀释至 500ml,加入 500ml6mol·L^{-1}(NaOH)。如静置时产生沉淀,将溶液过滤后,清液用棕色瓶贮存。

(2)醋酸铀酰锌溶液:10g 醋酸铀酰[$UO_2(Ac)_2\cdot 2H_2O$]和 6ml6mol·L^{-1}(HAc)溶于 50ml 水中;30g$Zn(Ac)_2\cdot 2H_2O$ 和 6ml6mol·L^{-1}(HAc)溶于 50ml 水中。然后将以上两种溶液混合,放置过夜,取清液使用。

(3)亚硝酸钴钠溶液:230g$NaNO_2$ 溶于 500ml 水,再加 165ml6mol·L^{-1}(HAc)和 30g$Co(NO_2)_2\cdot 6H_2O$,静置过夜,过滤,将滤液稀释至 1L。溶液为橙色。

(4)乙二醛双缩:2-羟基苯胺的乙醇饱和溶液。

(5)镁试剂:将镁试剂(对-硝基苯偶氮间苯二酚)0.01g 溶于 1L2mol·L^{-1}(NaOH)溶液中。

(6)酒石酸钾钠溶液:21g$NaKC_4H_4O_6$ 溶于 100ml 水中。

(7)铝试剂溶液:1g 铝试剂溶于 1L 水中。

(8)茜素:茜素红溶于 95%乙醇至饱和。

(9)5%硫代乙酰胺:5g 硫代乙酰胺溶于 100ml 水中。

(10)硫化铵溶液:通 H_2S 于 200ml15mol·L^{-1}($NH_3\cdot H_2O$)中至饱和,加 200ml15mol·L^{-1}(NH3·H_2O)并将所得溶液稀释至 1L。

(11)硫化钠:480g$NaS\cdot 9H_2O$ 和 40gNaOH 溶于 1L 水中。

(12)硫氰化铵:NH_4SCN 的饱和水溶液。

(13)0.01%双硫腙:10mg 双硫腙溶于 100mlCCl_4 中。

(14)0.2%玫瑰红酸钠:0.2g 玫瑰红酸钠溶于 100ml 水中,用棕色瓶贮存。仅能保持 2~3 天。

(15)2%邻二氮菲:2g 邻二氮菲盐酸盐溶于 100ml 水中。

3. 一般试剂(包括有机溶剂和固体试样)

(1)0.25mol·$L^{-1}$$K_4[Fe(CN)_6]$溶液

(2)0.5mol·L^{-1}($SnCl_2$)溶液

(3)0.3mol·$L^{-1}$$K_3[Fe(CN)_6]$溶液

(4)1mol·L^{-1}(NaOH)、6mol·L^{-1}(NaOH)溶液

(5)2mol·L^{-1}(HCl)溶液

(6)6mol·L^{-1}(HNO_3)溶液

(7)3mol·L^{-1}(H_2SO_4)溶液

(8)2mol·L^{-1}(HAc)溶液

(9)1mol·L^{-1}($NH_3 \cdot H_2O$),6mol·L^{-1}($NH_3 \cdot H_2O$),浓氨水

(10)95%乙醇

(11)CCl_4 溶剂

(12)$CHCl_3$ 溶剂

(13)NH_4Cl 固体

(14)$NaNO_2$ 固体

(15)$NaBiO_3$ 固体

(16)NaAc 固体

四、实验内容

(一)阳离子的个别鉴定

1.NH_4^+ 的鉴定

(1)气室法 用大小不同的2块表面皿对合组成气室。在下面大块表面皿里放3滴NH_4^+试液,上面小表面皿中心贴1片润湿的pH试纸。迅速向大表面皿中加入2滴6mol·L^{-1}(NaOH)溶液,立即将小表面皿盖上,放置片刻,观察试纸颜色变化。若现象不明显,可将气室置于水浴锅上加热数分钟。观察试纸颜色变化情况,若pH试纸呈碱性,表示有NH_4^+。

(2)奈斯勒试剂法 取1滴NH_4^+试液于白色点滴板上,加奈斯勒试剂1~2滴。生成红棕色沉淀,表示有NH_4^+。

2.K^+的鉴定(钴亚硝酸钠法)

取 2 滴 K^+ 试液于离心管中，加 2 滴 0.1mol·L^{-1} $Na_3[Co(NO_2)_6]$，用玻璃棒摩擦管壁，生成黄色晶形沉淀，表示有 K^+。反应应在中性或弱酸性条件下进行。

3. Na^+ 的鉴定

(1)醋酸铀酰锌法　取 1 滴 Na^+ 试液于离心管中，加 4 滴 95%乙醇和 8 滴醋酸铀酰锌溶液，用玻璃棒摩擦管壁，生成淡黄色晶形沉淀，表示有 Na^+。

反应在中性或弱酸性条件下进行。Ag^+ 与试剂有类似反应，应事先除去。

(2)焰色反应　用铂丝尖端小环蘸取 Na^+ 试液，在无色火焰中灼烧，火焰呈强烈的黄色，并持续数秒钟不褪，表示有 Na^+。

4. Ca^{2+} 的鉴定(乙二醛双缩法)

取 2 滴 Ca^{2+} 试液于离心管中，加 6～8 滴乙二醛双缩的乙醇饱和溶液、1 滴 6mol·L^{-1}(NaOH)、2 滴 10%Na_2CO_3 和 2～4 滴 $CHCl_3$，加水数滴，振荡，$CHCl_3$ 层显红色，表示有 Ca^{2+}。

5. Mg^{2+} 的鉴定(镁试剂法)

取 1 滴 Mg^{2+} 试液于点滴板上，加镁试剂和 6mol·L^{-1}(NaOH)各 1 滴。有天蓝色沉淀生成，表示有 Mg^{2+}。如溶液变为黄色，则补加 1 滴 6mol·L^{-1}(NaOH)，即有天蓝色沉淀生成。

6. Ba^{2+} 的鉴定(玫瑰红酸钠法)

取 1 滴 Ba^{2+} 试液于离心管中，加 1 滴 0.2%玫瑰红酸钠，生成红棕色沉淀，加 2mol·L^{-1}(HCl)至强酸性，沉淀变为桃红色，表示有 Ba^{2+}。

7. Pb^{2+} 的鉴定(双硫腙法)

取 2 滴 Pb^{2+} 试液于离心管中，加 2 滴 1mol·L^{-1}($NaKC_4H_4O_6$)，滴加 6mol·L^{-1}($NH_3·H_2O$)1 滴，调至 pH 值为 9～11，加入 0.01%双硫腙 4～5 滴，用力摇动，CCl_4 层呈红色，表示有 Pb^{2+}。

8. Cu^{2+}的鉴定(亚铁氰化钾法)

取1滴Cu^{2+}试液于点滴板上,加2mol·L^{-1}(HAc)和0.25mol·L^{-1} $K_4[Fe(CN)_6]$各1滴,生成红棕色沉淀,表示有Cu^{2+}。

9. Hg^{2+}的鉴定(氯化亚锡法)

取Hg^{2+}试液1滴于离心管中,加入1滴2mol·L^{-1}(HCl),加$SnCl_2$ 2滴,开始生成白色沉淀,放置后慢慢变为灰黑色,表示有Hg^{2+}。

若有Ag^+存在时,生成AgCl白色沉淀。Ag^+与Hg^{2+}共存时,则加入$SnCl_2$后立即变黑色。

10. Fe^{2+}的鉴定

(1)铁氰化钾法　取1滴Fe^{2+}试液于点滴板上,加2mol·L^{-1}(HCl)和0.3mol·L^{-1} $K_3[Fe(CN)_6]$各1滴,如有深蓝色沉淀生成,表示有Fe^{2+}。若干扰离子较多时,采用邻二氮菲法。

(2)邻二氮菲法　取Fe^{2+}试液1滴于点滴板上,加1滴邻二氮菲试剂,溶液呈桔红色,表示有Fe^{2+}。

11. Fe^{3+}的鉴定

(1)硫氰酸铵法　取Fe^{3+}试液1滴于点滴板上,加2mol·L^{-1}(HCl)和0.5mol·L^{-1}(NH_4SCN)溶液各1滴,出现血红色,表示有Fe^{3+}。

(2)亚铁氰化钾法　取试液1滴于点滴板上,加2mol·L^{-1}(HCl)和0.25mol·L^{-1} $K_4[Fe(CN)_6]$各1滴,立即生成深蓝色沉淀,表示有Fe^{3+}。

12. Zn^{2+}的鉴定(双硫腙法)

取2滴强碱性Zn^{2+}试液于离心管中,加入2滴双硫腙试液和4～5滴CCl_4溶液,充分搅拌。水层中生成玫瑰红色,而CCl_4层则由绿色变为棕红色,表示有Zn^{2+}。

13. Mn^{2+}的鉴定(铋酸钠法)

取2滴Mn^{2+}试液于离心试管中,加5滴水和2滴6mol·L^{-1}

(HNO_3)，然后加足量固体 $NaBiO_3$ 搅拌，溶液变为紫红色，表示有 Mn^{2+}。

Mn^{2+} 试液中不能含有 Cl^-，若有 Cl^- 存在，应先除去。

14. Al^{3+} 的鉴定（铝试剂法）

取 3 滴 Al^{3+} 试液于离心管中，用 $2mol \cdot L^{-1}(HAc)$ 酸化，加入铝试剂 2 滴，搅拌后放置数分钟，再加入 $6mol \cdot L^{-1}(NH_3 \cdot H_2O)$ 至呈碱性，置水浴中加热，有红色絮状沉淀出现，表示有 Al^{3+}。

（二）阳离子未知液的分析

1. 初步试验

（1）外表观察　观察未知液的颜色，判断可能存在的离子。

（2）水解试验　用玻璃棒蘸取试液点在表面皿中 pH 试纸上。若 $pH \leqslant 2$，则做水解试验。

取试液 2 滴于离心管中，加少量 NaAc 固体，未加热前如有结晶，加热后晶体溶解，可能是 AgAc；加热后出现红棕色沉淀，表示有 Fe^{3+}；白色沉淀表示可能有 Al^{3+}；黄色沉淀表示可能有 Hg^{2+}。

（3）NaOH 试验　取 3～4 滴试液于离心管中，滴加 $1mol \cdot L^{-1}(NaOH)$ 至恰为碱性（用石芯试纸检验），观察有无沉淀生成及沉淀颜色。如有沉淀，加入过量的 $6mol \cdot L^{-1}(NaOH)$ 3～4 滴，搅拌，观察沉淀有无变化。

（4）$NH_3 \cdot H_2O$ 试验　取 3～4 滴试液于离心管中，加 $1mol \cdot L^{-1}(NH_3 \cdot H_2O)$ 至恰为碱性，观察有无沉淀生成及沉淀颜色。如有沉淀，加入过量 $6mol \cdot L^{-1}(NH_3 \cdot H_2O)$ 3～4 滴，搅拌，加热，观察沉淀有无变化。再加入固体 NH_4Cl，搅拌，加热，观察沉淀有无变化。

（5）H_2SO_4 试验　取 3～4 滴试液于离心管中，加 $3mol \cdot L^{-1}(H_2SO_4)$ 酸化，加热，观察是否有沉淀生成。

（6）$(NH_4)_2S$ 试验　取 3～4 滴试液于离心管中，加 $1mol \cdot L^{-1}(NH_3 \cdot H_2O)$ 至碱性，加入 2 滴 $(NH_4)_2S$，加热并搅拌，观察是否

产生沉淀。如果产生沉淀，注意沉淀颜色。再加些$(NH_4)_2S$，并加热搅拌，使沉淀完全。冷却后经离心分离。然后在沉淀上加5滴$2mol \cdot L^{-1}$(HCl)，加热搅拌，观察沉淀是否溶解。如有不溶沉淀物，再离心分离，沉淀用水洗1次后，在沉淀上加5滴$6mol \cdot L^{-1}$ (HNO_3)和数颗$NaNO_2$晶粒，加热，观察沉淀是否溶解。

2.分析方案的设计

整理初步试验结果，判断哪些离子不存在，哪些离子可能存在。根据判断结果设计分析方案。分析方案包括：待检离子；鉴定顺序；选择鉴定反应（预计可能有干扰时，应设计排除干扰的方法）。

3.根据设计方案，鉴定未知阳离子，并报告鉴定结果。

思 考 题

1.怎样洗涤分析用器皿？洗净的标志是什么？

2.怎样调节溶液的酸度，使之达到所需的pH值？

3.鉴定阳离子未知液时，为什么要进行初步试验？

实验二　阴离子分析

一、实验目的

1. 掌握阴离子与常用试剂的反应。

2. 掌握阴离子 SO_4^{2-}、CO_3^{2-}、PO_4^{3-}、Cl^-、I^-、S^{2-}、NO_3^-、NO_2^- 的鉴定方法。

3. 学会阴离子未知液的分析方法。

二、原　理

在水溶液中，非金属元素常以简单或复杂的阴离子存在。一种非金属元素可以不同价态存在，某些高价金属离子，还以含氧酸根等阴离子形式存在。

有些阴离子在酸性溶液中成气体逸出，或相互反应改变价态；不少阳离子对阴离子的鉴定有干扰。因此，通常将试样制成碱性溶液，溶解时不加入氧化剂或还原剂，并设法除去金属离子。

在阴离子未知液的分析中，通常采用“消去法”进行初步检验，然后用分别分析法对可能存在的阴离子进行鉴定。

三、仪器和试剂

（一）仪　器

离心试管 8 支；离心机 1 台；点滴板（白）1 块；表面皿 1 块；验气装置 1 个；水浴锅 1 个；滴管 1 支；玻璃棒 1 支；pH 试纸；$Pb(Ac)_2$试纸。

（二）试　剂

1. 阴离子练习试液

阴离子练习试液 8 种，每毫升含阴离子 10mg。

2. 特殊试剂

(1)5％钼酸铵试剂：5g$(NH_4)_2MoO_4$ 加 5ml 浓 HNO_3，加水至 100ml。

(2)亚硝酰铁氰化钠：3g$Na_2Fe(CN)_5NO \cdot 2H_2O$ 溶于 100ml 水中。

(3)对-氨基苯磺酸溶液：1g 试剂溶于 300ml2mol · L^{-1}(HAc)中。

(4)a-萘胺溶液：将 1.5g 试剂在 100ml 热水中溶解，过滤，取清液，用 2mol · L^{-1}(HAc)稀释至 1L，应无色。

3. 一般试剂

(1)0.25mol · L^{-1}($BaCl_2$)溶液

(2)0.1mol · L^{-1}($AgNO_3$)溶液

(3)12％$(NH_4)_2CO_3$ 溶液

(4)0.02％$KMnO_4$ 溶液

(5)10％$NaNO_2$ 溶液

(6)0.5％KI-淀粉溶液

(7)0.5％I_2-淀粉溶液

(8)0.5mol · L^{-1}($SnCl_2$)溶液

(9)0.1mol · L^{-1}(KI)溶液

(10)3mol · L^{-1}(H_2SO_4)，1mol · L^{-1}(H_2SO_4)及浓 H_2SO_4 溶液

(11)6mol · L^{-1}(HCl)，2mol · L^{-1}(HCl)溶液

(12)6mol · L^{-1}(HNO_3)，2mol · L^{-1}(HNO_3)及浓 HNO_3 溶液

(13)2mol · L^{-1}(HAc)溶液

(14)2mol · L^{-1}($NH_3 \cdot H_2O$)溶液

(15)CCl_4 溶剂

(16)2mol · L^{-1}(NaOH)溶液

(17)Zn 粉

四、实验内容

(一)阴离子的个别鉴定

1. SO_4^{2-} 的鉴定

取 3 滴 SO_4^{2-} 试液于离心管中，滴加 2～3 滴 $2mol \cdot L^{-1}$(HCl)酸化，加 3 滴 $0.25mol \cdot L^{-1}$($BaCl_2$)，生成白色沉淀，表示有 SO_4^{2-}。

2. CO_3^{2-} 的鉴定

取 5～6 滴试液于验气装置的试管中，在玻璃泡上悬挂 1 滴饱和 $Ca(OH)_2$ 溶液，立即向试管中加 5～6 滴 $6mol \cdot L^{-1}$(HCl)，迅速塞好，注意勿使玻璃泡与试管壁接触，勿使液滴掉落，试液中产生大量气泡，玻璃泡上的溶液变浑，表示有 CO_3^{2-}。

3. PO_4^{3-} 的鉴定(钼酸铵法)

取 3 滴 PO_4^{3-} 试液于离心管中，加 1 滴浓 HNO_3，8 滴钼酸铵试剂，微热(40～50℃)，生成黄色晶形沉淀，表示有 PO_4^{3-}，再加几滴 $SnCl_2$ 试剂，溶液变为蓝色。

4. Cl^- 的鉴定

取 4 滴试液于离心管中，以 $2mol \cdot L^{-1}$(HNO_3)酸化，加 2 滴 $0.1mol \cdot L^{-1}$($AgNO_3$)，产生白色沉淀。继续滴加 $AgNO_3$ 至沉淀完全，将离心管置于水浴上微热，离心分离，弃去清液，沉淀用热水洗两次后，再加入 10 滴 12%$(NH_4)_2CO_3$，加热搅拌，沉淀减少或全部溶解。最后用 $6mol \cdot L^{-1}$(HNO_3)酸化，又出现白色沉淀，表示有 Cl^-。

5. I^- 的鉴定(亚硝酸盐-淀粉法)

取 1 滴试液于点滴板上，用 $2mol \cdot L^{-1}$(HAc)酸化，加 0.5%淀粉液和 10%$NaNO_2$ 各 1 滴，出现蓝色，表示有 I^-。

6. S^{2-} 的鉴定

(1)亚硝酰铁氰化钠法　取 1 滴试液于点滴板上，加 1 滴 $2mol \cdot L^{-1}$(NaOH)碱化，再加 1 滴 1%$Na_2[Fe(CN)_5NO]$，出现紫红色，表示有 S^{2-}。

(2)醋酸铅法　取 3 滴试液于离心管中，加入 3 滴 $2mol \cdot L^{-1}$ (HCl)，立即用湿润的 $Pb(Ac)_2$ 试纸放在管口，试纸变成棕黑色。管中生成的气体有腐蛋味，表示有 S^{2-}。

7. NO_2^- 的鉴定

取 1 滴试液于点滴板上，加 1 滴 $2mol \cdot L^{-1}$(HAc)酸化，依次加入对氨基苯磺酸和 *a*-萘胺各 1 滴，立即出现红色，表示有 NO_2^-。

8. NO_3^- 的鉴定

(1)棕色环法　取 1 滴试液于点滴板上，加 1 粒 $FeSO_4$，沿凹坑壁加 1 滴浓 H_2SO_4。沿 $FeSO_4$ 晶体出现棕色环，表示有 NO_3^-。

NO_2^- 有类似反应，应事先除去。

(2)还原为 NO_2^- 法　取 1 滴试液于点滴板上，加 1～2 滴 $6mol \cdot L^{-1}$(HAc)及少许锌粉，稍停片刻，依次加入对-氨基苯磺酸及 *a*-萘胺各 1 滴，出现红色，表示有 NO_3^-。

在检出 NO_3^- 前，必须检验是否有 NO_2^- 存在，如有，应先除去。

(二)阴离子未知液的分析

1. 初步试验

(1)试液的酸碱性及气体排出试验　用 pH 试纸检验试液的酸碱性。如为中性或碱性，取 4 滴试液于离心管中，加 $3mol \cdot L^{-1}$ (H_2SO_4)酸化，微热，振摇。观察是否产生气体，气体的颜色和气味。

(2)硝酸银试验　取 4 滴试液于离心管中，试液若为酸性，用 $2mol \cdot L^{-1}$($NH_3 \cdot H_2O$)中和，滴入 $0.1mol \cdot L^{-1}$($AgNO_3$)溶液，观察是否生成沉淀，沉淀的颜色。如有沉淀，可离心分离，在沉淀上加 $6mol \cdot L^{-1}$(HNO_3)4 滴。搅拌后，观察沉淀的变化。

(3)氯化钡试验　取 2 滴试液于离心管中(如试液为酸性，先用 $2mol \cdot L^{-1}$ $NH_3 \cdot H_2O$ 中和)，加入 2～3 滴 $0.25mol \cdot L^{-1}$ ($BaCl_2$)，观察是否产生沉淀，如无沉淀则可否定 SO_4^{2-}、CO_3^{2-}、PO_4^{3-} 等离子存在。如有沉淀，离心分离后，在沉淀上加数滴 $6mol \cdot L^{-1}$(HCl)，搅拌加热，若有不溶解的白色沉淀，表示有 SO_4^{2-}。

(4)还原性离子试验　取3滴试液于离心管中，用1mol·L^{-1}(H_2SO_4)酸化，加0.02%$KMnO_4$ 2滴，振摇后红色褪去，表示有还原性阴离子存在。另取3滴试液于另一离心管中，用1mol·L^{-1}(H_2SO_4)酸化，滴入I_2-淀粉溶液，若蓝色褪去，表示有强还原性离子存在。

(5)氧化性离子试验　取3滴试液于离心管中，以1mol·L^{-1}(H_2SO_4)酸化，加入2滴KI和5滴CCl_4，振摇，如CCl_4层显红紫色，则表示有氧化性离子存在。也可以不用CCl_4而滴加淀粉液，如出现蓝色，则表示有氧化性离子存在。

2.分析方案的设计

整理初步试验结果，判断哪些离子不存在，哪些离子可能存在，需进一步鉴定。根据判断结果设计分析方案。

3.根据分析方案，鉴定未知阴离子，并报告鉴定结果。

思考题

1.怎样进行下列鉴定：①Cl^-和S^{2-}共存；②SO_4^{2-}和Cl^-共存；③I^-和Cl^-共存；④NO_2^-和NO_3^-共存。

2.如果阴离子试液为强酸性，哪些阴离子不可能存在？

3.一白色固体不溶于水，用HCl溶解时，不产生气泡。如已检出Ba^{2+}，哪些阴离子可能存在？

实验三　分析天平称量练习

一、实验目的

1. 了解电光分析天平的构造，并熟悉其使用规则。

2. 学会测定空载时天平灵敏度和天平变动性。

3. 初步掌握直接称量和差减称量的方法。

4. 了解在称量中对有效数字的运用。

二、仪器和试样

(一)仪　器

TG－328B 型(或其他型号)半自动电光分析天平 1 台；50ml 烧杯 1 只；称量瓶 1 只。

(二)试　样

1. 铅字块(或打上号码的铝片)1 枚；

2. $K_2Cr_2O_7$(或风干研细的土壤)。

三、实验内容

(一)观察并检查分析天平

1. 对照天平结构图，观察天平各部件的结构以及所处的正确位置。

2. 检查天平柱顶端的水平泡是否位于正中。轻轻打开天平升降钮，检查电珠是否亮、指针摆动是否正常。

3. 打开砝码盒认识砝码。观察机械加码装置，检查环码是否有套接、脱落现象。

(二)天平零点的测定

打开升降钮，待指针稳定后，投影屏上刻线与标尺上的“0”相重合的数值，即为零点。一般情况下，要求零点在±0.2mg 之间。若超出此范围，可调节底板下面的调零杆，使标尺的“0”与投影屏零位重合；若偏离较大，可通过调节平衡调节螺丝直至零位处。

（三）空载时天平灵敏度的测定

在天平左盘加上校正过的 10mg 砝码，打开升降钮，投影屏上标尺应指在 9.9～10.1mg 范围内，否则应调节感量调节螺丝。

（四）天平变动性的测定

打开升降钮，空载时测零点 5 次，记录结果。天平示值变动性（格）＝最大值－最小值。示值变动性一般不超过天平刻度标尺的 1 格。

（五）直接称量练习

检查天平，测出零点。戴上干净手套，打开天平左边门，将铅字块小心轻置于左盘中央，随手关天平门。打开天平右边门，用镊子夹取估计克数的砝码，轻放在右盘上，关好天平右边门。半开升降钮，观察指针偏转情况，判断砝码是否合适。增减砝码，重复上述操作，直至砝码合适（即加 1 克过重，减去这 1 克时，砝码比重物轻）为止。然后用环码平衡物体，关闭天平，用右手旋转指数盘外圈，由大到小用插入法加减环码，半开天平，从投影屏上观察标尺移动情况，判断环码轻重是否合适。指数盘外圈调完后，再调节内圈，直到天平平衡，从投影屏上读出数值为止，此时，天平要全开。记录物体的质量。

（六）减量法称量练习

用减量法称量试样时，试样应装在称量瓶内。

称量瓶是具有磨口玻璃塞的器皿（见图 3-1），有高型和低型两种。高型称量瓶常用来放置在称量过程中容易吸收水分和 CO_2 的试样；低型称量瓶常用来测定试样水分。使用前必须洗净烘干，冷却到室温后，放入称量物。洗净烘干后的称量瓶不能直接用手拿取，以免玷污称量瓶而造成称量误差。可戴干净手套或用叠成

二、三层的干净纸条套在称量瓶上拿取(见图 3-2)。

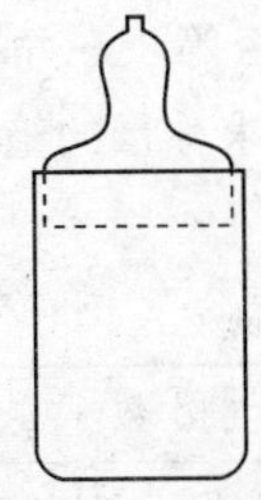

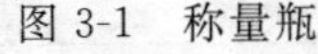

图 3-1　称量瓶

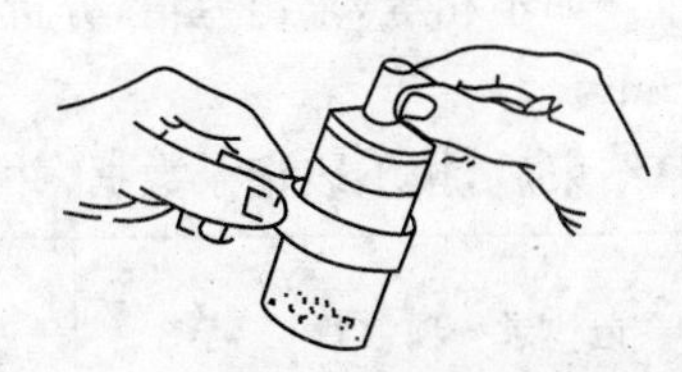

图 3-2　用纸条裹着拿取称量瓶及盖

(1)测定天平零点。

(2)按上述方法,在分析天平上称量一只清洁、干燥的三角瓶(又称锥形瓶)。记录三角瓶重 m_1g。

(3)取清洁、干燥的称量瓶 1 只,装入 $K_2Cr_2O_7$ 试样至称量瓶的$\frac{1}{3}$左右。用宽 2cm、长 10cm 的纸条套住称量瓶,拿住纸条,将称量瓶轻置于天平左盘中央。取出纸条,按上述方法称重。记下称量瓶和试样共重 m_2g。

(4)调节环码或砝码,使其减轻 0.5g。用纸条套住称量瓶从天平上取出,在三角瓶上方取下瓶盖(用纸条套取),轻轻敲击称量瓶口上部(见图 3-3),倾出约 0.5g 试样于三角瓶中。勿使试样撒落容器外面。将称量瓶慢慢立起,在三角瓶上方将盖盖好。重新将称量瓶和剩余试样一起称重。

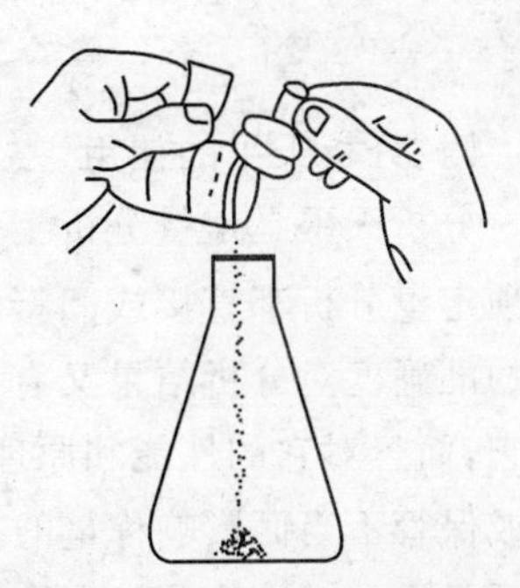

图 3-3　减量法称取样品

若砝码太轻,表示倾出试样不足 0.5g,应继续小心倾出,反复操作至倾出量接近 0.5g 时为止。记下称量瓶和试样(倾出后)重 m_3g。则倾出试样重为(m_2-m_3)g。

(5)称出三角瓶+试样的质量,记为 m_4 g。

(6)结果的检验:检查(m_2-m_3)的质量是否等于三角瓶中增加的质量。如不相等,求出差值,分析原因。要求称量的绝对差值小于 0.5mg。

实验结束后,按下表记录数据,并进行讨论。

记 录 项 目	称量次数		
	Ⅰ	Ⅱ	Ⅲ
称量瓶+试样重(倾出前)m_2(g) 称量瓶+试样重(倾出后)m_3(g) 称出试样重 m(g)			
三角瓶+称出试样重 m_4(g) 空三角瓶重 m_1(g) 称出试样重 m(g)			
绝对差值(g)			

附:分析天平的使用

分析天平是定量分析工作中最重要、最常用的仪器之一。每一项定量分析都直接或间接地需要使用分析天平,而分析天平称量的准确度对分析结果又有重大的影响,所以我们不仅要学会使用它,而且对它的性能和原理也要有所了解,这样就可以避免因使用或保管不当而影响称量的准确度,从而可获得准确的称量结果。

天平有按结构分类和按精度分类的两种常用分类方法。天平按结构特点可分为等臂和不等臂两类。常用的等臂天平有:摆动式天平、空气阻尼式天平、半自动电光天平、全自动电光天平等;不等臂天平有:单盘电光天平、单盘精密天平等。各种天平的种类和型号如表 3-1 所示。

表 3-1 国产分析天平的型号与规格表

名　　称	型　号	最大载荷	分度值(感量)
摆动式分析天平	TG—628A	200g	1mg
阻尼分析天平	TG—528B	200g	0.4mg
半机械加码电光天平	TG—328B	200g	0.1mg
全机械加码电光天平	TG—328A	200g	0.1mg
单盘减码式全自动电光天平	TG—729B	100g	1mg
单盘电光天平	TG—429	100g	0.1mg
单盘精密天平	DT—100	100g	0.1mg
微量天平	TG—332A	20g	0.01mg

按天平的精度分级命名是常用的分类方法。过去天平的分级，单纯以能称准的最小重量来定。例如能称到 0.1mg 的天平称为"万分之一天平"；能称到 0.01mg 的天平称为"十万分之一天平"或"半微量分析天平"；能称到 0.001mg 的天平，称为"百万分之一天平"或"微量天平"。这实际上是单纯以感量①来分类的，感量与载重量有密切关系，只讲感量而不提载重量不能全面反映天平性能，于是就出现把两项指标联系起来考虑按相对精度分类的方法，即以天平感量与最大载重量之比来划分精度级别。可把天平分为 10 级，如表 3-2 所示。

1 级天平精度最好，10 级天平精度最差。常用的分析天平载重量为 200 克，感量为 0.1mg，其精度为：

$$0.0001/200=5\times10^{-7}$$

① 天平的灵敏性用灵敏度表示，一般规定为 1mg 砝码引起指针在读数标尺上偏移的格数。灵敏度也可用感量(或称分度值)表示，感量是指针偏移一格时所需的毫克数，即 1/灵敏度。

即相当于三级天平。在选用天平时,不仅要注意天平的精度级别,还必须注意最大载重量。

表 3-2　天平精度分级表

精度级别	1	2	3	4	5
分度值与最大载重量比值	1×10^{-7}	2×10^{-7}	5×10^{-7}	1×10^{-6}	2×10^{-6}
精度级别	6	7	8	9	10
分度值与最大载重量比值	5×10^{-6}	1×10^{-5}	2×10^{-5}	5×10^{-5}	1×10^{-4}

一、天平的称量原理

分析天平是根据杠杆原理设计而成(即支点在力点之间)。例如一杠杆 AOB,如图 3-4 所示;O 为支点,AO、OB 为杠杆两臂,长

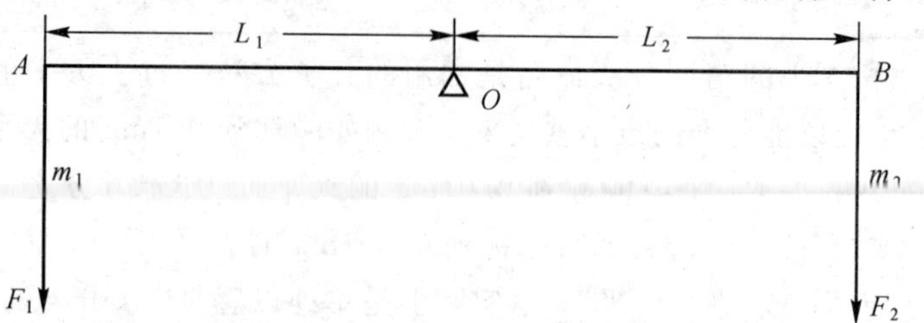

图 3-4　杠杆原理

度分别为 L_1、L_2,若在天平左端放一质量为 m_1 的物体,为保持两端的平衡,必须在右端加一质量为 m_2 的砝码。当达到平衡时,作用于两臂的力 F_1、F_2 与两臂长 L_1、L_2 的关系为:

$$F_1 \cdot L_1 = F_2 \cdot L_2$$

因 $F=mg$(g 为重力加速度),则

$$m_1 g L_1 = m_2 g L_2$$

因 O 点为杠杆 AOB 的中点,则

$$L_1 = L_2, m_1 = m_2$$

上式表示,等臂天平称量平衡时,物质质量 m_1 等于砝码质量 m_2。

二、分析天平的结构

分析天平种类较多，现以空气阻尼式天平和电光天平为例，作一简单介绍：

1.空气阻尼式天平的构造

目前常用的阻尼天平是空气阻尼天平，如图3-5所示。它的主要部件是天平梁，由铝合金制成。横梁上装有3个棱形玛瑙刀，其中一个装在正中的称为支点刀，刀口向下；另外两个与支点刀等

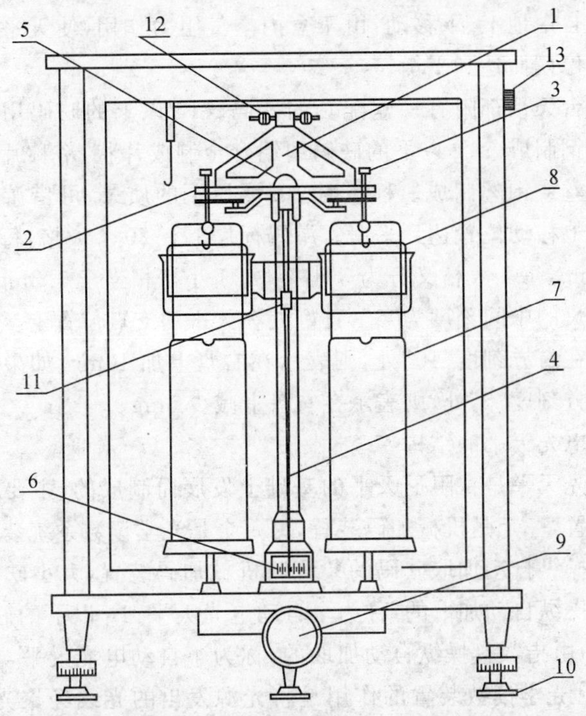

1—天平梁 2—游码标尺 3—吊耳 4—指针 5—支点刀 6—刻度标牌 7—天平盘 8—阻尼器 9—升降旋钮 10—垫脚 11—感量调节圈 12—平衡调节螺丝 13—游码操纵杆

图3-5 空气阻尼天平

距离地分别安装在横梁两端，刀口向上，称为承重刀。3个刀口棱边平行，处于同一水平面上。玛瑙刀口的角度和锋利程度直接影响天平的质量，故应注意保护刀口。在不使用或加减物体和砝码时，必须利用升降钮控制托叶把天平梁托起，使玛瑙刀和刀承分开。

为了提高称量速度，常在两个称盘上方装有空气阻尼器。阻尼器由铝制圆筒形套盒组成，外盒固定在天平支柱上，内盒比外盒略小正好套入外盒中，两盒间隙均匀，没有摩擦。当启动天平时，内盒能自由地上、下移动，由于盒内空气阻力作用，使天平横梁能较快地停摆而达到平衡。

每台天平都附有一盒配套的砝码。1g以上的砝码用铜合金或不锈钢制成。1g以下的砝码用铝合金制成片状，俗称片码。游码由铝丝或铂丝制成。称量时10mg以下的质量，可借游码在游码标尺上移动位置达到平衡。游码标尺上有20个大格，每1大格表示1mg，每1大格又分为5小格，每1小格相当于0.2mg。

标尺的中间刻度为“0”，正好处在天平的支点位置上，如果将游码放在右方刻度“10”处，则表示在右盘上加10mg；如果将游码放在左方刻度“5”处，则表示在右盘上减少5mg。

2.电光天平的结构

电光天平是在阻尼天平的基础上发展而制成的，主要增加了两个装置，一个是机械加码装置，另一个是光学读数系统装置。由指数盘操纵自动加取砝码的装置叫机械加码装置，大小砝码全由指数盘操纵自动加取的，称为全自动电光天平；1g以下的砝码(称为环码)由指数盘操纵自动加取的，称为半自动电光天平，如图3-6所示。光学读数装置的作用是将光源发出的光线经聚光后，照射到天平指针下端的刻度标尺上，再经过放大，由反射镜反射到投影屏上。由于天平指针的偏移程度被放大在投影屏上，所以能够准确读出10mg以下的质量。

为操作方便，全机械加码电光天平的加砝码盘和称物盘，往

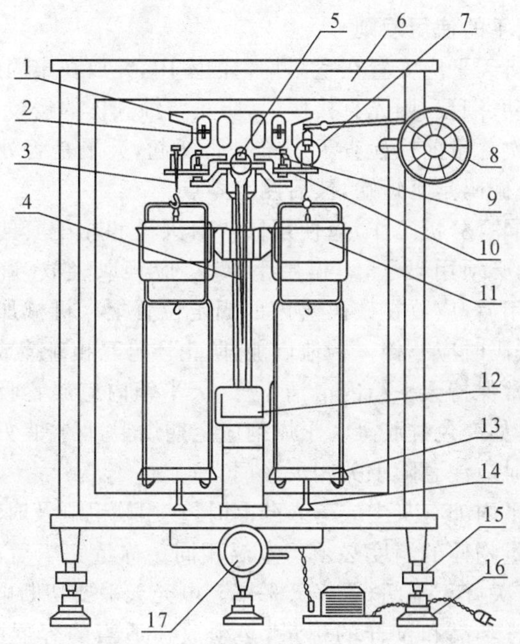

1—天平梁　2—平衡调节螺丝　3—吊耳　4—指针
5—支点刀　6—框罩　7—环码　8—指数盘　9—支柱
10—托叶　11—阻尼器　12—投影屏　13—天平盘
14—盘托　15—天平脚　16—垫脚　17—升降钮

图 3-6　半机械加码电光天平

往和阻尼分析天平相反。阻尼分析天平加砝码盘在右，称物盘在左。而全机械电光天平因为砝码加减是自动的，为使被称物体的取放操作方便，把物体盘安在右边，砝码盘装在左边。但半机械加码电光天平，因为还需要用镊子加减 1g 以上的砝码，仍旧左盘放被称物体，右盘放砝码。

除已介绍的几种天平外，尚有单盘电光天平、微量天平等，这里不再叙述。

三、天平的使用规则

1. 分析天平应安置在室温均匀的室内，并放在牢固的台面上，应避免震动、潮湿、阳光直接照射，防止腐蚀气体的侵袭。

2. 每次称量前应检查天平梁是否托起，天平是否处于水平状态，并检查砝码是否短缺，然后测定零点。

3. 作同一分析工作，应使用同一台天平和相配套的砝码。加减砝码时，必须用镊子，不得用手拿取，应轻取轻放，避免相互碰击。砝码用后，应放在砝码盒内的固定位置上。机械加码电光天平，加减砝码时应一档一档地慢加，防止环码互相碰撞或跳落。

4. 经常保持天平箱内清洁干燥，天平箱内应放置吸湿用的变色干燥剂，如变色硅胶等。干燥剂应定期烘干，保持良好的吸湿性能。称量时应注意随手关闭天平门。

5. 天平内如有灰尘或落入药品时，应用软毛刷及时轻轻刷净。

6. 称量物体的温度必须与室温相同。称量完毕后，各部件应恢复原位，关好天平门，罩好天平罩。电光天平要切断电源。

7. 化学药品和试样的称量，必须放在适当的容器中，如称量瓶、表面皿或玻璃纸等。不得直接放在天平盘上称量。

8. 如需搬动天平时，应卸下天平盘、吊耳、天平梁，然后搬动。短距离的移动，也应该尽量保护刀口，勿使震动损伤。

9. 天平载重不应超过最大载重量。物体应放在盘的中央，开关天平要轻。加取物体和砝码时，应先关闭天平升降钮，切不可在天平开动的情况下，加、取物体或砝码，以免损坏刀口或部件震落。

思　考　题

1. 为什么每次称量前都要测定零点？零点是否一定要在“0.0”处？若不在“0.0”处，应如何处理最后读数？

2. 本次实验所使用的天平的灵敏度和感量各为多少？

3. 称量时，若标尺向负向移动，应加砝码还是减砝码？若标尺向正向移动时，又应如何加、减砝码？

实验四　氯化钡中结晶水的测定

一、实验目的

1. 巩固天平的使用方法和称量技术。

2. 学习烘箱和干燥器的使用方法。

二、原　理

结晶水是水合结晶物质中结构内部的水，水分子作为物质晶体结构单元存在于水合结晶物质中。例如：$BaCl_2 \cdot 2H_2O$、$CuSO_4 \cdot 5H_2O$、$Na_2SO_4 \cdot 10H_2O$ 中的水，都叫结晶水。

含结晶水的化合物具有恒定的化学组成。当加热到一定温度时，结晶水即可气化逸出，其温度往往因物质的不同而异。$BaCl_2 \cdot 2H_2O$ 的结晶水，当加热到 120～125℃时即可失去。

称取一定量的结晶氯化钡，在烘箱中以上述温度加热烘干至恒重，就可根据试样减轻的质量计算结晶水的含量。

此法也可以用来测定试样中吸湿水的含量。如土壤、植物体的水分测定，就是在 105～110℃ 的烘箱中干燥至恒重后进行测定的。

三、仪器和试剂

（一）仪　器

TG—328B 型（或其他型号）半自动电光分析天平 1 台；烘箱 1 台；干燥器 1 个；称量瓶 2 只；坩锅钳 1 把；台天平 1 架。

（二）试　剂

$BaCl_2 \cdot 2H_2O$

四、实验内容

(一)试样的称取

取称量瓶 2 只,洗净后编号置于烘箱中,将瓶盖取下横搁于瓶口上,在 120～125℃ 的温度下烘 1 小时。用坩锅钳把称量瓶取出,放入干燥器中(注意不要把称量瓶盖盖上),冷却至室温,在分析天平上准确称重。然后将称量瓶再次烘干(约烘半小时)、称重,如此反复,直至恒重。

在台天平上称取 $BaCl_2 \cdot 2H_2O$ 样品 3 份(每份约重 1.5g),分别置于已恒重的称量瓶内,盖好盖子,分别准确称重。然后将称得的质量减去称量瓶的质量,即得到 $BaCl_2 \cdot 2H_2O$ 试样重 G_1 g。

(二)烘干结晶水

将盛有试样的称量瓶放入加热至 120～125℃ 的烘箱内,瓶盖仍横搁在瓶口上,约烘 2 小时。用坩锅钳取出称量瓶,放入干燥器内,冷却至室温后,迅速取出,盖好瓶盖,准确称重。然后再重复上述烘干(约烘半小时)、称重步骤,直至恒重。最后将称得的质量减去称量瓶质量,即得到失去结晶水的试样重 G_2 g。

按下式计算结晶氯化钡中结晶水含量:

$BaCl_2 \cdot 2H_2O$ 结晶水含量

$$=\frac{G_1-G_2}{G_1}\times 100\%$$

附:干燥器的使用

干燥器是带有磨口的玻璃盖子的容器,见图 4-1。为了使干燥器密闭,在盖磨口处应均匀涂上一层凡士林。

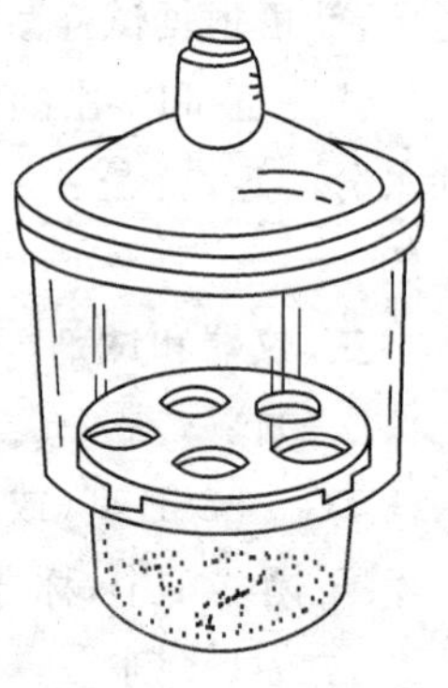

图 4-1　干燥器

干燥器中带孔的圆板将干燥器分为上、下两室,上室放被干燥的物体,下室装干燥剂,约占下室的一半即可。常用的干燥剂有硅胶、CaO、无水 $CaCl_2$、$Mg(ClO_4)_2$、浓 H_2SO_4 等。

干燥器启盖时，用左手扶住干燥器，右手握住盖上的圆球，向前推开器盖(见图 4-2(a))。搬动必须按图 4-2(b)的方法，以防盖子跌落打碎。

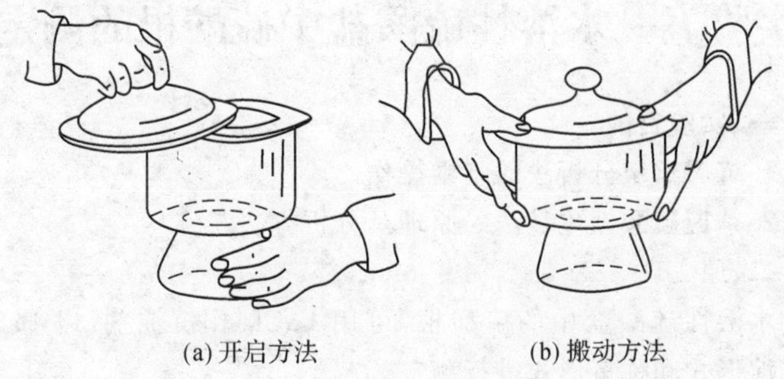

(a) 开启方法　　(b) 搬动方法

图 4-2　干燥器的使用

经高温灼烧后的坩埚或其他灼热物体放入干燥器内冷却时，不能立即盖紧盖子。一方面由于干燥器中的空气因高温而剧烈膨胀，推动干燥器盖，甚至会将器盖推落打碎；另一方面，干燥器中的空气冷却后，压力大大降低，器盖难以打开，即使打开了，往往由于空气流的冲入而将坩埚或称量瓶中被测物冲散。

正确的操作是：当坩埚或其他灼热物体放入干燥器后，先盖上盖子，再慢慢地推开盖子，放出热空气。如此重复数次，直至听不到“蹦、蹦”的声音后，把盖子盖紧，冷却到室温。

实验五　水溶性硫酸盐中硫酸根的测定

一、实验目的

1. 练习重量分析法的基本操作。

2. 掌握硫酸钡重量法的原理及分析方法。

二、原　理

水溶性硫酸盐中的硫酸根，可用 $BaCl_2$ 作沉淀剂，以 $BaSO_4$ 为沉淀形式和称量形式进行测定。

试样溶解于水后，用稀盐酸酸化，加热至接近沸腾，在不断搅动下，缓慢加入热、稀的 $BaCl_2$ 溶液，使 SO_4^{2-} 与 Ba^{2+} 作用，形成难溶于水的沉淀。在盐酸介质中进行沉淀是为了防止产生碳酸钡、磷酸钡、砷酸钡沉淀以及氢氧化钡等共沉淀。同时，适当提高酸度，增加 $BaSO_4$ 在沉淀过程中的溶解度，以降低其相对过饱和度，有利于获得较好的晶形沉淀。所得沉淀经陈化、过滤、洗涤、烘干、灰化和灼烧，即可得到 $BaSO_4$ 的称量形式。

三、仪器和试剂

(一)仪　器

瓷坩埚(25ml)2 个；沉帚 1 把；玻璃漏斗 2 个；定量滤纸(慢速)。

(二)试　剂

(1)Na_2SO_4 试样

(2)2mol · L^{-1}(HCl)溶液

(3)10%$BaCl_2$ 溶液

(4)0.1mol · L^{-1}($AgNO_3$)溶液

四、实验内容

准确称取在100～120℃干燥过的Na_2SO_4试样2份(每份0.4～0.5g),分别置于2只400ml烧杯中,各加水25ml,搅拌溶解,再加入$2mol \cdot L^{-1}$(HCl)溶液6ml,用水稀释至约200ml。盖上表面皿,将溶液加热至沸腾。

取10ml10%$BaCl_2$溶液两份,分别置于2只小烧杯中,加水稀释约1倍后加热至沸腾。然后在不断搅拌下趁热将$BaCl_2$溶液逐渐滴入热Na_2SO_4试液中。沉淀作用完毕,静置1～2分钟。待$BaSO_4$沉淀下沉,于上层清液中加入1～2滴$BaCl_2$溶液,仔细观察有无浑浊出现,以检验其沉淀是否完全。若沉淀完全,盖上表面皿,微沸10分钟,于水浴(约90℃)保温陈化1小时(或在室温下陈化12小时),放置冷却后,进行过滤。

沉淀用倾泻法经慢速滤纸过滤。用热蒸馏水作洗涤剂,洗涤沉淀3～5次(每次约用20ml洗涤液)。最后将沉淀小心地转移到滤纸上,再继续洗涤沉淀,直到洗涤滤液中用$AgNO_3$溶液检查不出Cl^-为止。

将盛有沉淀的滤纸摺成小包,移入已在800～850℃灼烧至恒重的瓷坩埚中,烘干、灰化后置于800～850℃的马弗炉中灼烧1小时,取出置于干燥器内冷却、称重。第二次灼烧15～20分钟,冷却后准确称重,直至恒重。

根据所得$BaSO_4$质量,按下式计算试样中硫酸根的百分含量:

$$SO_4^{2-}\text{ 的百分含量}=\frac{m_{BaSO_4}\times\dfrac{M_{SO_4^{2-}}}{M_{BaSO_4}}}{G}\times 100\%$$

附:重量分析的基本操作

重量分析的基本操作包括:样品的溶解、沉淀、沉淀的过滤、洗涤、烘干和灼烧、称量等。只有对每个步骤都细心地进行操作,不使沉淀丢失或带入其他杂质，才能保证分析结果的准确度。

一、样品的溶解

（一）准备好干净的烧杯、玻璃棒和表面皿。玻璃棒的长度应比烧杯高 5～7cm，表面皿的直径应略大于烧杯口直径。

（二）称量一定量的试样置于烧杯中，盖好表面皿。

（三）用适当溶剂溶解试样。溶解时应注意：

1. 溶解试样时若产生气体，应先加少量水润湿试样，盖好表面皿，再由烧杯嘴与表面皿间的狭缝滴入溶剂。气泡消失后，用玻璃棒搅拌使其溶解。试样溶解后，用洗瓶吹洗表面皿和烧杯内壁。

2. 溶解试样时若无气体产生，则将溶剂沿着紧靠杯壁的玻璃棒下端滴入。边加边搅，直至试样完全溶解，然后盖上表面皿。

3. 试样溶解过程中须加热时，应盖上表面皿，且只能微热或微沸溶解，不能暴沸。

（四）溶液的蒸发。

如果溶解试样所得的溶液需要蒸发时，最好在水浴锅中进行。若在其他加热器上加热蒸发时，应注意控制温度，防止剧沸。蒸发时，必须盖上表面皿。为了有利于蒸发，可在烧杯口用玻璃三角或3个玻璃钩将表面皿垫起。

二、沉　淀

在适宜条件（即实验方法中所规定的沉淀时溶液的温度、试剂加入的次序、浓度、数量、速度及沉淀的时间等）下，向试样溶液加入适当的沉淀剂进行沉淀。

加沉淀剂时，右手持玻璃棒不断搅拌溶液（或用电磁搅拌器搅拌），左手拿滴管慢慢地滴加沉淀剂。滴管口要接近液面，以免溅出溶液。搅拌时应注意勿使玻璃棒敲戳和划碰烧杯壁和杯底。

如果在热溶液中沉淀，应在水浴或电热板上进行，注意勿使溶液暴沸。

沉淀剂加完后，应检查沉淀是否完全。检查的方法是：将溶液静置，待沉淀下沉后，于上层清液中加 1 滴沉淀剂，观察滴落处是否出现浑浊，如果不出现浑浊即表示已沉淀完全；否则应再补加沉淀剂直至沉淀完全。然后，盖上表面皿，必要时放置陈化。

三、沉淀的过滤和洗涤

过滤的目的是使沉淀和母液分离。一般采用滤纸或微孔玻璃滤器过滤。对于需要灼烧的沉淀，常用滤纸过滤；对于过滤后只需烘干即可进行称量的沉淀，可采用微孔玻璃漏斗或微孔玻璃坩埚过滤。

(一)用滤纸过滤的方法

1. 滤纸的选择

在重量分析中，过滤沉淀应当采用定量滤纸。这种滤纸的纸浆经过盐酸及氢氟酸处理，每张滤纸灼烧后的灰分在 0.1mg 以下，小于天平的称量误差(0.2mg)，故其质量可以忽略不计，因此这种滤纸又称无灰滤纸。

定量滤纸按其孔隙大小，分为快速、中速和慢速 3 种，在滤纸盒上分别用白、蓝、红色带标记。使用时，应当根据沉淀的类型选用适当的滤纸。对于非晶形沉淀，如 $Fe(OH)_3$、$Al(OH)_3$ 等，应当选用孔隙大的快速滤纸；对于粗大的晶形沉淀，如 $MgNH_4PO_4$ 等，可用较紧密的中速滤纸；对于较细小的晶形沉淀，如 $BaSO_4$ 等，应选用最紧密的慢速滤纸。现将常用的定量滤纸的主要规格列于表 5-1 中。

表 5-1　定量分析滤纸规格

指标＼规格	快速	中速	慢速
灰分(%)	0.01 以下	0.01 以下	0.01 以下
滤速(s/ml)	10～30	31～60	61～120
应用实例	$Fe(OH)_3$	$ZnCO_3$	$BaSO_4$
盒上色带标志	白	蓝	红

滤纸按直径大小分为：7、9、11、12.5、15cm 等规格。选择滤纸的大小应根据沉淀量的多少而定，沉淀的体积不可超过滤纸容积的一半。通常，晶形沉淀用直径 7～9cm 的滤纸，疏松的非晶形沉淀用直径 11cm 的滤纸。此外，滤纸的大小还应和漏斗相适应，一般来说，滤纸应比漏斗边缘低 1cm 左右。

2. 漏斗

用于重量分析的漏斗应该是长颈的，颈长为 15～20cm，漏斗的锥体角度应为 60°，颈的直径要小些，常为 3～5mm，颈出口处磨成 45°角，如图 5-1 所示。

3. 滤纸的摺叠

滤纸一般按四摺法摺叠：先将滤纸对摺，然后再对半摺成直角，但不要把两角对齐，打开形成顶角稍大于 60°的圆锥体（半部为 1 层，另半部为 3 层），如图 5-2 所示。

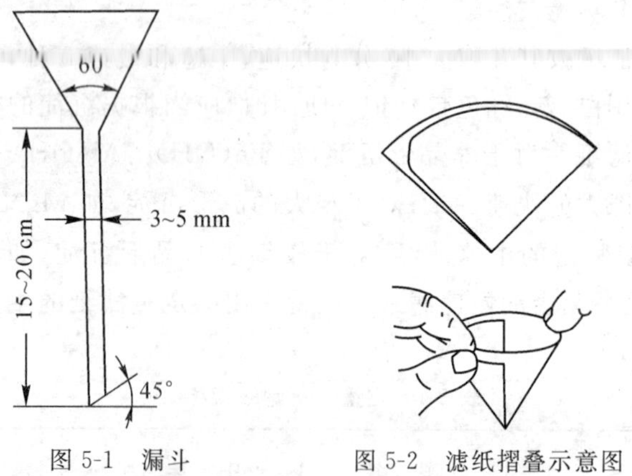

图 5-1　漏斗　　　　图 5-2　滤纸摺叠示意图

将摺叠好的滤纸放入漏斗中，试其与漏斗壁是否密合。如果不密合，漏斗颈中便不能保留液柱而影响过滤的速度，这时应调整滤纸摺叠的角度，直至两者密合为止。为了使漏斗与滤纸之间贴紧而无气泡，可将 3 层厚的贴漏斗壁的外层撕下一小块，这样可避免过滤时气泡由此缝隙通过而影响颈内水柱。撕下的滤纸角保存在干净的表面皿上以备擦拭烧杯中残留沉淀之用。

将正确摺叠好的滤纸放入漏斗时,3 层的一边应在漏斗出口短的一边。用手按紧 3 层的一边,然后用洗瓶加入水润湿滤纸,轻压滤纸赶出气泡。再加入水至滤纸边缘,让水全部流尽,漏斗颈内应全部被水充满。若颈内不能形成完整的水柱,可用手指堵住漏斗下口,稍掀起滤纸一边,用洗瓶向滤纸和漏斗的空隙处加水,使漏斗颈和锥体的大部分被水充满。最后,压紧滤纸边,放开堵出口的手指,此时水柱即可形成。如仍不能形成水柱,则可能是漏斗颈太粗等原因。

将准备好的漏斗放在漏斗架上,下面用一洁净烧杯承接滤液,漏斗出口长的一边紧靠烧杯壁,漏斗位置的高低以过滤过程中漏斗颈的出口不接触滤液为宜。

4. 过滤

过滤一般分为三个阶段进行:第一阶段用“倾泻法”,尽可能把上层清液滤去,并初步洗涤沉淀数次;第二阶段是把沉淀转移到漏斗上;第三阶段是清洗烧杯。

所谓“倾泻法”,即先把清液倾入漏斗中,让沉淀留在烧杯内。倾入溶液时,应让溶液沿玻璃棒流入漏斗,玻璃棒应直立,下端对着 3 层厚的滤纸一边,并尽可能接近滤纸,但不要与滤纸接触,如图 5-3(a)所示。倾入的溶液表面应低于滤纸边缘 0.5cm 以下,以免沉淀浸到漏斗上。

当倾注暂停时,烧杯沿玻璃棒慢慢向上提一段,立即放正烧杯,将玻璃棒放入烧杯中,这样可以避免烧杯嘴上的液体流到杯外壁。同时玻璃棒不要放到烧杯嘴上,以免烧杯嘴处的少量沉淀沾在玻璃棒上。当清液倾注完毕后,即可进行初步洗涤,洗涤时沿杯壁加入 10～20ml 洗涤液,使沾附在烧杯壁上的沉淀洗下。用玻璃棒充分搅拌,放置澄清,倾泻过滤。如此重复洗涤 2～3 次。

初步洗涤之后，即可进行沉淀的转移。向盛有沉淀的烧杯中加入少量洗涤液，搅动混合，立即将沉淀和洗涤液倾入漏斗中，如此反复多次，直到沉淀完全转移到滤纸上。如粘附在烧杯壁上的沉淀仍未转移完全，则可按图 5-3(b)所示的方法进行清洗。将烧杯斜放在漏斗上方，杯嘴向漏斗，用左手食指按住烧杯嘴上的玻璃棒上方，其余手指拿住烧杯，玻璃棒下端对准 3 层滤纸处。右手持洗瓶冲洗烧杯上所粘附的沉淀使沉淀同洗涤液一起流入漏斗中。注意勿使溶液溅出。如烧杯壁仍有少许沉淀，可用原撕下的滤纸角擦拭，并将擦过的纸角放在漏斗里的沉淀中。必要时可用沉帚(见图 5-4)擦洗烧杯上的沉淀。沉帚是将一段质量较好的橡皮管套在玻璃棒一端，开口处胶封。先用沉帚擦净玻璃棒，将玻璃棒取出后，以沉帚擦拭杯壁，使沉淀集中在底部，再按图 5-3(b)所示方法将沉淀吹洗到漏斗上。最后将沉帚置于漏斗上方用洗涤液冲洗。

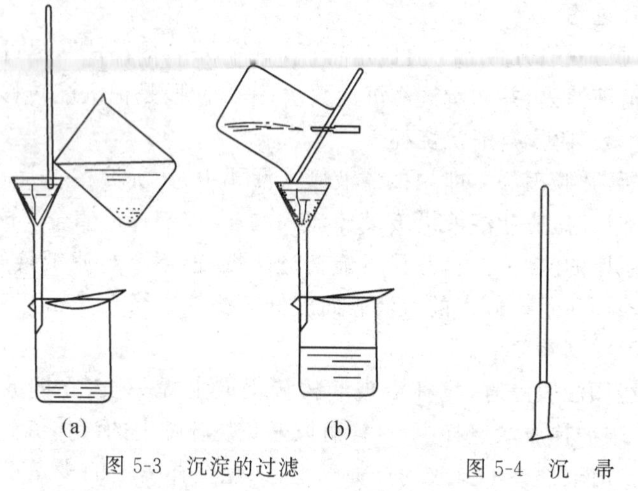

图 5-3　沉淀的过滤　　　　图 5-4　沉　帚

5. 沉淀的洗涤

洗涤沉淀的目的是为了清洗沉淀表面吸附的杂质和混杂在沉淀中的母液，获得纯净的沉淀。洗涤时要尽量减少沉淀的溶解损失和避免形成胶体。因此，洗涤沉淀时既要选择合适的洗涤液，又要采用适当的洗涤方法以提高洗涤效率。

洗涤液的选择必须根据沉淀的性质决定，通常采取：

(1)对于溶解度很小又不易形成胶体的沉淀，可用去离子水洗涤。

(2)对于溶解度较大的晶形沉淀，可用沉淀剂稀溶液洗涤，但沉淀剂必须在烘干或灼烧时容易挥发或易分解。否则，应改用水或其他合适的溶液洗涤沉淀。

(3)对于溶解度较小而又可能分散成胶体的非晶形沉淀，用热的并含有少量电解质(如铵盐)的水溶液作洗涤剂，以防胶溶。

(4)对于易水解的沉淀，用有机溶剂作洗涤液。如洗涤氟硅酸钾沉淀，用冷的、含有5%KCl的1∶1乙醇溶液作洗涤液，以防止沉淀水解并降低其溶解度。

洗涤沉淀时应注意：既要将沉淀洗干净，又不能使用过多的洗涤液，否则将增加沉淀的溶解损失。为了提高洗涤效率，洗涤时应采用“少量多次”法，即每次只加入少量洗涤液(刚把沉淀淹没即可)，并须待前次的洗涤液尽可能流尽后，再加入新的洗涤液进行下一次洗涤。

沉淀全部转移到滤纸上后，还需在滤纸上继续洗涤，具体操作方法如图5-5所示。先使洗瓶的导管中充满洗涤液，然后加洗涤液在3层部分、离滤纸边缘稍下的地方，自上而下螺旋形地移动洗涤液，并借此将沉淀集中到滤纸圆锥体的下部。注意不要使洗涤液突然冲击沉淀，以防沉淀溅出。

图5-5　漏斗中沉淀的洗涤

过滤与洗涤必须不间断地一次完成。若间隔时间过久，沉淀就会干涸，黏成一团，致使沉淀无法洗净。

沉淀是否洗净，须对滤液进行检验藉以判断，即选择灵敏而又能迅速显示结果的定性反应来检查。例如，用 H_2SO_4 沉淀 $BaCl_2$ 中的 Ba^{2+} 时，沉淀洗净的标志是滤液中不再含 Cl^-。具体做法是：用一洁净的表面皿（或试管），于漏斗口接取最后的 1～2ml 滤液，加 HNO_3 酸化后，滴入 $AgNO_3$ 溶液，若无白色 AgCl 沉淀生成，说明沉淀已经洗净，否则，还需再洗涤。

如无明确规定，对于晶形沉淀，通常洗涤 8～10 次就认为已洗净，对于非晶形沉淀还需多洗几次。

（二）微孔玻璃漏斗过滤方法

有些沉淀烘干后即可称重，特别是用有机沉淀剂所得的沉淀，不能高温灼烧；还有些沉淀不能与滤纸一起烘烤（如 AgCl）。对这类沉淀应采用微孔玻璃漏斗（或微孔玻璃坩埚）进行过滤。

微孔玻璃坩埚和漏斗如图 5-6(a)、(b)所示，这种过滤器皿的滤板是用玻璃粉末在高温下熔结而成的。按照微孔的大小分为六级，“1”号的孔径最大，“6”号的孔径最小。根据沉淀颗粒的大小可适当选用。不同规格玻璃坩埚，见表 5-2。

在定量分析中，一般选用 4～5 号玻璃坩埚（相当于慢速滤纸）过滤细晶形沉淀；用 3 号（相当于中速滤纸）过滤非晶形和粒晶形沉淀。过滤前先用稀盐酸或稀硝酸处理，再用水洗涤，并在相当于烘干沉淀的温度下烘至恒重，以备使用。过滤时将微孔玻璃器皿安置在具有橡皮垫圈或孔塞的抽滤瓶上，如图 5-6(c)所示，用抽水泵进行减压过滤。过滤结束时，先去掉滤瓶上的橡皮管，然后关闭水泵，以免水泵中的水倒吸入抽滤瓶中。

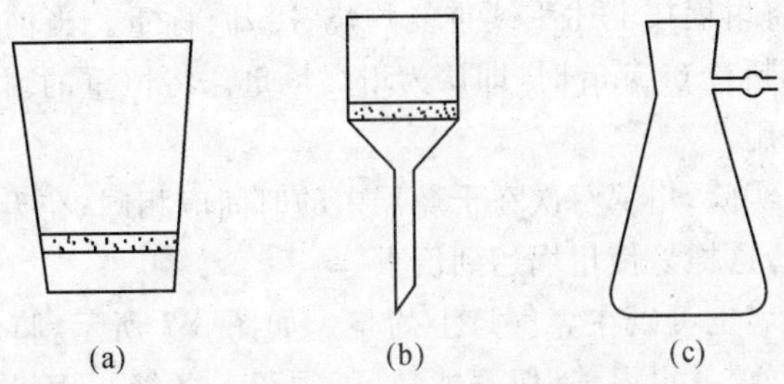

图 5-6 微孔玻璃器皿和抽滤瓶

表 5-2 玻璃坩埚的规格及用途

编　号	滤孔平均大小(μm)	一般用途
1	80～120	过滤粗颗粒沉淀
2	40～80	过滤较粗颗粒沉淀
3	15～40	过滤一般晶形沉淀
4	5～15	过滤细颗粒沉淀
5	2～5	过滤极细颗粒沉淀
6	<2	滤除细菌

微孔玻璃滤器不能过滤强碱性溶液,因为强碱性溶液能损坏玻璃微孔。

四、沉淀的烘干和灼烧

(一)坩埚的准备

灼烧沉淀常用瓷坩埚。使用前,应将瓷坩埚洗净、晾干或烘干,然后用蓝墨水或 $K_4Fe(CN)_6$ 在坩埚和盖子上编号,待字迹干后将坩埚放入马弗炉中,在灼烧沉淀的温度下灼烧。第一次灼烧半小时,用坩埚钳把坩埚夹出,放在干净耐火板上冷却,待红热褪去后,就可将其放入干燥器中,将干燥器盖子盖上,接着再推开,片刻后再盖上,如此反复几次再盖好。将干燥器放在天平旁,约经30分钟,坩埚可冷却至室温,取出坩埚称重,准确记录坩埚质量。

然后，再将坩埚按上述手续重复灼烧、冷却、称重。当前后两次称重之差不超过 0.2mg 时，即认为坩埚恒重。将恒重的坩埚放在干燥器中备用。

同一实验，坩埚每次在干燥器中的时间应相同；在天平上称量应尽量快，这样易使坩埚达到恒重。

瓷坩埚也可以在煤气灯上灼烧。如图 5-7 所示，将坩埚放在泥三角上，盖上坩埚盖（但不能盖紧，须留一条缝），用煤气灯的氧化焰进行灼烧。灼烧时要用坩埚钳不时转动瓷坩埚，使其受热均匀，灼烧时间及操作与在马弗炉中相同。

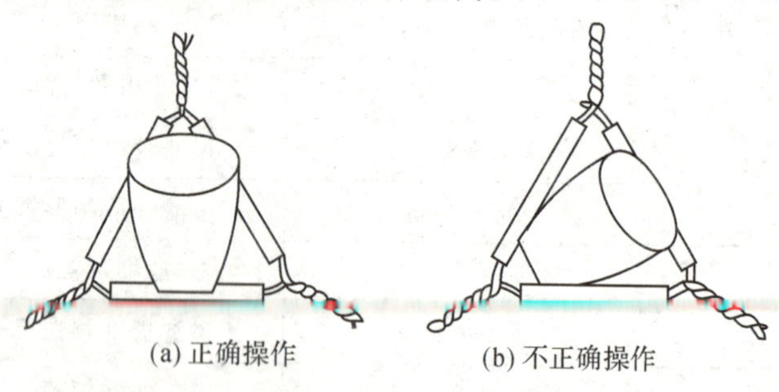

(a) 正确操作　　(b) 不正确操作

图 5-7　瓷坩埚的位置

（二）沉淀的包法

晶形沉淀一般体积较小，可按下述方法进行包叠：用一顶端细而圆的玻璃棒将滤纸的 3 层部分挑起，再将滤纸和沉淀一起取出，按图 5-8 所示方法包好，置于已恒重的坩埚内。

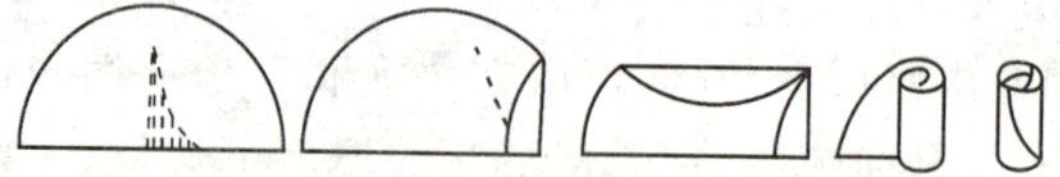

图 5-8　晶形沉淀的包法

对于胶状沉淀，一般体积较大，可在漏斗中包叠：用玻璃棒将滤纸四周边缘向中间摺叠，将沉淀全部盖好，见图 5-9。然后取出滤纸包，倒转过来。使尖头向上，安放在已恒重的坩埚中。

（三）沉淀的烘干与滤纸的炭化、灰化

将放有沉淀的坩埚按图 5-10 放置，先将煤气灯的火焰放在(b)处，利用热空气把滤纸和沉淀烘干。在干燥过程中不可加热过急，否则坩埚会因与水滴接触而炸裂，甚至会同沉淀中的水分猛烈气化而将沉淀溅出。待滤纸和沉淀干燥后，再将煤气灯火焰移至(a)处加热，使滤纸炭化。应注意不可使温度突然升高，以免坩埚内空气不足，使滤纸变成大块炭而难以完全灰化。炭化时，不能让滤纸着火，以防沉淀微粒飞扬出来。万一着火，应立即移去灯火并盖好坩埚盖，让火焰自行熄灭，切勿用嘴吹灭。待火熄灭并不再冒黑烟时，便可逐渐加大火焰使滤纸完全灰化(此时滤纸应呈灰白色而不是灰色)。此外，亦可将带沉淀的坩埚放在红外干燥箱里烘干，在电炉上低温炭化。这时应使坩埚立放，用坩埚盖半盖坩埚口。其他操作和注意事项均同前。

图 5-9　胶状沉淀包法

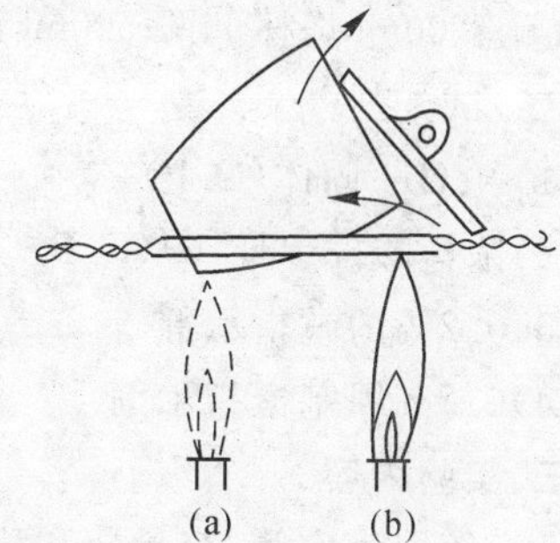

图 5-10　沉淀的烘干与滤纸的灰化

思　考　题

1. 为什么沉淀 $BaSO_4$ 要在稀 HCl 介质中进行？不断搅动的目的何在？

2. 为什么沉淀 $BaSO_4$ 在热溶液中进行，而在冷却后进行过滤？

3. 测定 SO_4^{2-} 时，加入沉淀剂为什么不能过量太多？

实验六 滴定分析的量器和基本操作

一、实验目的

1. 初步掌握滴定管、容量瓶、移液管的使用方法。

2. 练习滴定操作和观察酸碱滴定终点的颜色变化。

二、仪器和试剂

(一)仪 器

50ml 酸式滴定管和 50ml 碱式滴定管各 1 支;25ml 移液管 2 支;250ml 容量瓶 1 只;250ml 锥形瓶 2 只;10ml 量筒 1 个;100ml 量筒 1 个;200ml 烧杯 1 只;500ml 试剂瓶 2 只;洗耳球 1 个。

(二)试 剂

(1)NaOH 固体(C. P)

(2)浓盐酸($\rho=1.16$)(C. P)

(3)0.2%酚酞指示剂

(4)0.2%甲基橙指示剂

三、实验内容

(一)练习滴定管、容量瓶和移液管的使用方法

(1)清洗酸式滴定管、碱式滴定管、容量瓶和移液管。

(2)练习酸式滴定管旋塞涂凡士林的方法和碱式滴定管除气泡的方法;练习酸式滴定管和碱式滴定管的滴定操作,以及控制液滴大小和滴定速度的操作。

(3)以去离子水作为实验液体,练习用移液管移取液体,放入容量瓶中,以及自烧杯转移液体至容量瓶的操作。

(二)溶液配制

1. 0.1mol·L^{-1}(HCl)和 0.1mol·L^{-1}(NaOH)的配制

(1)0.1mol·L^{-1}(HCl)的配制　用洁净的量筒量取浓盐酸 4～4.5ml,倒入 500ml 试剂瓶中,用去离子水稀释至 500ml,摇匀。

(2)0.1mol·L^{-1}(NaOH)的配制　在台天平上称取固体 NaOH2.5～3g 于烧杯中,用不含 CO_2 的去离子水迅速冲洗一次,弃去冲洗液,再重复一次。将冲洗好的 NaOH 用 50ml 去离子水溶解,转入 500ml 试剂瓶中,再加 450ml 去离子水,摇匀。

(三)酸碱滴定终点颜色变化的观察

1. 以酚酞为指示剂

用移液管吸取 25.00ml0.1mol·L^{-1}(HCl)溶液于 250ml 锥形瓶中,加入 1～2 滴酚酞指示剂,用 0.1mol·L^{-1}(NaOH)溶液滴定,滴定时要不停地摇动锥形瓶,使其沿水平面作圆周运动。开始滴定时,速度可快些,滴定剂可一滴紧跟一滴地滴入(但不要连成线);当接近等量点时,应逐滴滴放碱溶液,每加入一滴碱液都要把溶液摇匀,并观察粉红色是否立即褪去。如果粉红色立即褪去,再加入第二滴碱溶液;当粉红色褪去较慢时,要半滴半滴地滴加,直到加入半滴碱液,摇匀后粉红色在半分钟内不消失,即为终点。然后再由酸式滴定管加入少量 0.1mol·L^{-1}(HCl)溶液,此时粉红色褪去。再按上述方法用 0.1mol·L^{-1}(NaOH)溶液滴定到终点。如此反复练习滴定操作并观察滴定终点颜色的突变。

2. 以甲基橙为指示剂

用移液管移取 25.00ml0.1mol·L^{-1}(NaOH)溶液于 250ml 锥形瓶中,加入 1～2 滴甲基橙指示剂,用 0.1mol·L^{-1}(HCl)溶液滴定,滴定时要不停地摇动锥形瓶。当接近等量点时,应逐滴加入酸溶液,每加入一滴酸液都要把溶液摇匀,直到加入半滴 HCl 溶液后,溶液由黄色变为橙色,即为终点。然后再由碱式滴定管加入少量 0.1mol·L^{-1}(NaOH)溶液,此时溶液又变为黄色。再用 0.1mol·L^{-1}(HCl)溶液滴定至溶液呈现橙色为止。如此反复练习滴定操作并观察滴定终点颜色的变化。

附:滴定分析的量器及其使用

溶液体积测量误差,是滴定分析中误差的主要来源之一。为使分析结果符合所要求的准确度,必须准确地测量溶液的体积。溶液体积准确度的高低,一方面决定于所用量器的容积是否正确,另一方面还取决于准备和使用量器是否正确。现将滴定分析所用的量器及其使用方法叙述如下:

一、滴定管

滴定管是滴定时准确测量液体体积的量器,它是具有精确刻度、内径均匀的细长玻璃管。常量分析用的滴定管容积有 25ml 和 50ml 两种规格,最小刻度为 0.1ml,读数可估计到 0.01ml,一般读数误差为±0.02ml。另外,还有容积为 10、5、2 和 1ml 的半微量及微量滴定管,一般附有自动加液漏斗。

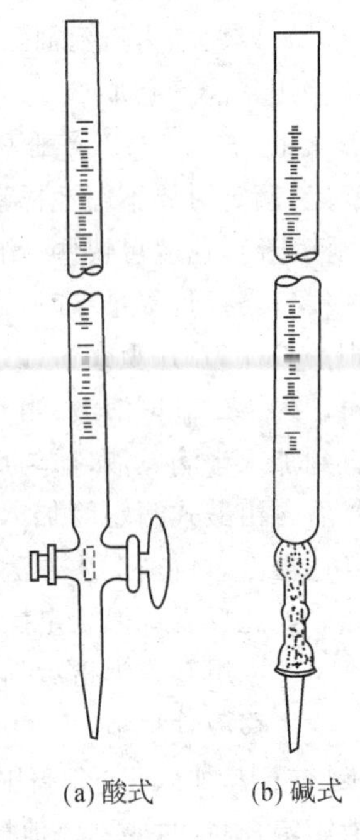

图 6-1　滴定管

滴定管可分为酸式和碱式两种,其结构如图 6-1 所示。下端具有玻璃旋塞的是酸式滴定管,用来盛装酸性溶液和氧化性溶液,不能盛放碱性溶液,因为碱性溶液将腐蚀玻璃,使旋塞难以转动。碱式滴定管的下端连接一乳胶管,管内装有玻璃珠,用来控制溶液的流出,乳胶管下端再连接一尖嘴玻璃管。碱式滴定管用来盛装碱性溶液,但不能盛氧化性溶液,如 $KMnO_4$、I_2、$AgNO_3$ 等,因为这些溶液能与乳胶管中的有机物反应,这样既会改变标准溶液的浓度,又要损坏乳胶管。

(一)滴定管使用前的准备

如果使用的是新滴定管,则应作洗涤、涂油(对酸管)、试漏的准备;若使用的是一支已用过的滴定管,则使用前应检查其旋塞的转动是否灵活、有无漏液现象,以及管内壁是否挂水珠。

1.滴定管的洗涤

干净的滴定管用水润湿时,其内壁不挂水珠,否则说明有玷污。如果滴定管无明显的油污,可用滴定管刷蘸肥皂水或洗涤剂洗刷(切不可用去污粉洗)。如果有明显的油污,可用5%左右的铬酸洗液浸泡数十分钟(必要时可用温热的洗液),然后将洗液放回原瓶中,先用自来水冲洗至流出液为无色,再用去离子水淋洗3～4次。

2.滴定管的检漏与旋塞涂油

洗涤干净的滴定管应进行检漏。

对酸式滴定管,应先鉴定旋塞与滴定管是否配套,若不配套而引起漏水时,则须更换滴定管。然后,关闭旋塞,装入去离子水至一刻线,直立静置约2分钟。观察刻线上的液面是否下降,滴定管下端有无水滴滴下,旋塞隙缝处有无水渗出。若有漏水现象,则需将旋塞涂凡士林。涂凡士林的方法是:将旋塞取下,用干净的吸水纸把旋塞和塞槽内壁擦干(如果旋塞孔内有油垢堵塞,可用细金属丝轻轻剔去),用手指蘸少量凡士林在旋塞两头涂上薄薄一层。然后,把旋塞插入塞槽并压紧,向同一方向旋转几圈,直至转动部分的油膜呈均匀透明状态为止。最后用橡皮圈套住旋塞,以防旋塞脱落而打碎。此时,滴定管应不漏水,且旋塞转动灵活。

对碱式滴定管,可装入去离子水至一刻线后,直立静置约2分钟,观察刻线上的液面是否下降,滴定管下端尖嘴上有无水滴滴下。如有漏水现象,则应调换乳胶管中的玻璃珠,选择大小合适且将比较圆滑的玻璃珠配上,然后将胶管与尖嘴和滴定管主体部分连接好,至其不漏水即可。

3. 操作溶液的装入

为避免装入滴定管的操作溶液被管内残留的水所稀释，确保操作溶液浓度不变，在装入操作溶液之前，应先用操作溶液润洗滴定管内壁 2～3 次。润洗的方法是：从试剂瓶中注入操作溶液约 10ml，然后平托滴定管，慢慢转动，使溶液均匀润湿整个滴定管内壁，再把滴定管竖起，从下口将溶液放出。

润洗后即可往滴定管装操作溶液。装液时，应注意将待装溶液从试剂瓶直接注入滴定管，不得借助任何其他器皿，以免污染或改变操作溶液的浓度。

装好操作液后，滴定管下端尖嘴内应无气泡，否则在滴定过程中气泡被赶出，将影响操作溶液体积的准确测量。排除滴定管下端气泡的方法是：对酸式滴定管，可转动旋塞，使溶液急速流出，即可排除气泡；对碱式滴定管，先使它倾斜，将乳胶管向上弯曲，使管嘴向上，然后用力捏挤玻璃珠处的乳胶管，使溶液从管嘴喷出，即可排除气泡。

（二）滴定管读数

滴定管的读数不准确，常常是滴定分析主要误差的又一来源。因此，初学者应多做读数练习，以达到读数迅速、准确。

滴定管装入溶液后，由于水溶液的表面张力作用，滴定管液面呈下凹的弯月形。因此，读数时应使滴定管自然垂直，保持视线与液面水平（图 6-2）。对于无色或

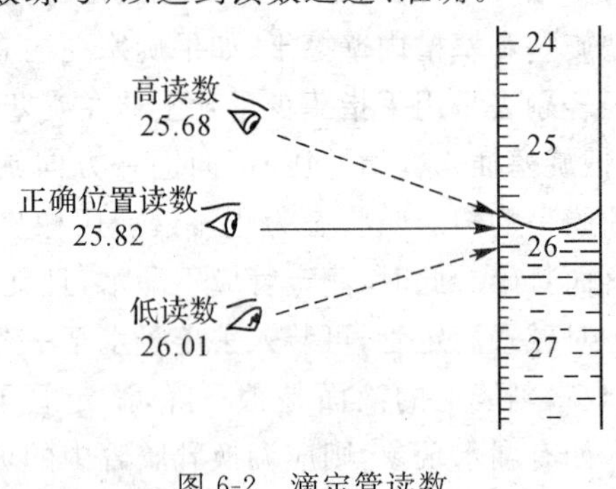

图 6-2　滴定管读数

浅色溶液，习惯上读取与弯月面相切点的读数；对于深色溶液，如 $KMnO_4$、I_2 等，因不易看清弯月面，则读取液面的上沿(即视线与液面两侧最高点相切处)的读数。有的滴定管后壁有白底蓝线，液面呈现三角交叉点，则应读取交叉点与刻度相交点处的读数。

读数时，初读和终读应该用同一标准，并且读数必须准确到 0.01ml。

此外，在每次滴定前，最好将滴定管液面调节在刻度为 0.00ml 处，或从接近零的任何一刻度开始，这样可使每次滴定所用溶液的体积几乎均固定在滴定管的某一体积范围内，以减小因滴定管刻度不匀造成的体积误差。同时，滴定要一次完成，避免由于溶液量不足需要再次装入溶液而增加滴定管读数的次数，使读数误差增大。

(三)滴定操作

滴定一般是在锥形瓶中进行，必要时也可在烧杯中进行。酸式滴定管的操作如图 6-3 所示。用左手的大拇指、食指和中指转动旋塞，转动时将旋塞向手心方向压紧，切忌用手指将旋塞抽出或用手心将旋塞顶出。右手持锥形瓶，将滴定管下端尖嘴伸入瓶口约 1cm。随着滴定的进行，不断摇动锥形瓶，使瓶底向同方向作圆周运动，以使瓶内溶液混合均匀，反应及时进行完全。

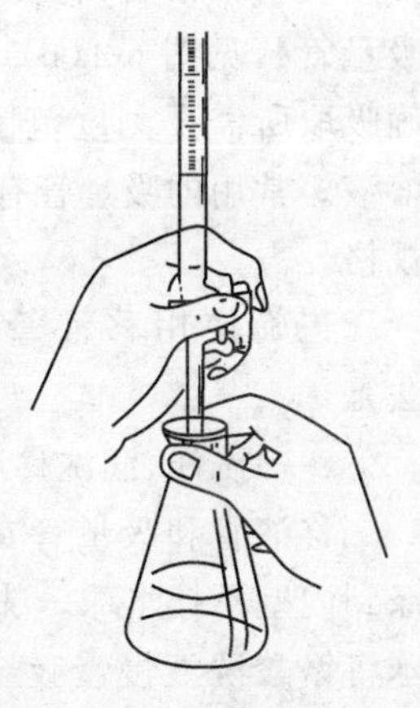

图 6-3　滴定操作

使用碱式滴定管时，用左手拇指和食指捏挤玻璃珠稍上方的乳胶管(注意不能捏挤玻璃珠下方的乳胶管，以防空气进入形成气泡)，无名指和中指夹住出口管，使出口管垂直而不摆动。

滴定开始时，溶液流出的速度可稍快些，但必须能明显分辨液滴。在接近终点时,要逐滴甚至半滴地滴下溶液,以防滴定剂加入过量而增大滴定误差。

滴定完毕后,把滴定管中剩余溶液倒出,并用水洗净,然后用去离子水注满滴定管,管口套一大玻璃试管或塑料膜套,或将滴定管洗净后倒夹在滴定管夹上。

二、移液管

移液管是准确移取小体积液体的量器。移液管的中腰膨大,上、下两端细长,在管颈上端刻有环形标线,中腰膨大部分标有它的容积和标定时的温度,如图 6-4(a)所示。常用的移液管有 5、10、25、50ml 等规格。还有一种具有分刻度的移液管,称为刻度吸管(或称吸量管),见图 6-4(b)。用吸量管可准确吸取所需要刻度范围内某一体积的溶液。常用的吸量管有 1、2、5、10ml 等规格。

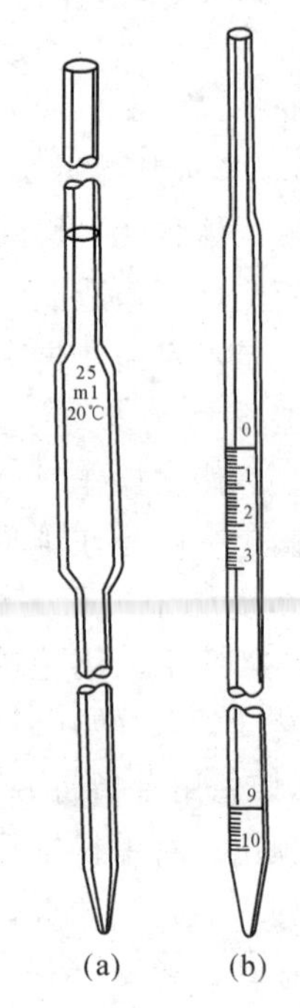

图 6-4　移液管和吸量管

正确使用移液管或吸量管的方法是:

(一)洗涤、润洗移液管和吸量管

移液管和吸量管在使用前必须洗涤到内壁不挂水珠。洗涤时,可用洗耳球将铬酸洗液慢慢吸至管内的刻度以上部分,然后再将洗液放回原瓶;也可将管放在高型玻璃筒或大量筒中,用铬酸洗液浸泡数十分钟。然后,取出移液管和吸量管,沥尽洗液,用自来水冲洗至水呈无色后,再用少量去离子水洗管内壁 2～3 次。

移液管和吸量管使用前,要用待移取的溶液润洗内壁 2～

3 次，使内壁粘附的残留液和所移取的溶液浓度一致。

（二）移取溶液的操作

移取溶液时，把移液管或吸量管插入溶液，用洗耳球把溶液吸至稍高于环形标线处，迅速用食指按住管口。然后将移液管提离液面，垂直地拿着移液管或吸量管，并使管的下端尖嘴挨紧盛溶液器皿的内壁；用拇指和中指轻轻转动移液管，并减轻食指的压力，使液面平稳下降，同时眼睛应平视环形标线，当溶液的弯月面下降到与标线相切时，立即用食指按紧管口。移出移液管或吸量管，垂直地放入稍倾斜的、准备接受溶液的容器中，使管的下端尖嘴紧靠容器内壁，松开食指，让溶液自然地全部沿器壁流下（图 6-5），待 15 秒钟左右，取出移液管，此时切勿将残留在管下端尖嘴内的溶液吹出，因为在校正移液管或吸量管时，已经考虑了末端所保留溶液的体积。

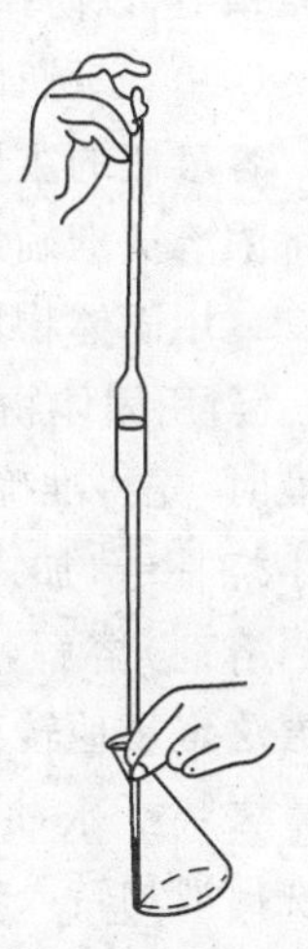

图 6-5　移液管放液

移液管使用后，应洗净放在移液管架上。

三、容量瓶

容量瓶简称量瓶。它是一种细长颈梨形的平底瓶，具有玻璃磨口塞或塑料塞，瓶颈上刻有环形标线，瓶上标有它的容积和标定时的温度。当瓶内充满液体，且液体的弯月面与标线相切时，则液体的体积等于瓶上所标示的容积。常用的容量瓶有 50、100、250、500、1000ml 等多种规格。

（一）容量瓶使用前的准备——试漏和洗涤

使用容量瓶时，应先检查容量瓶是否漏水。检查的方法是：将自来水注入瓶内至标线附近，塞好塞子，将容量瓶倒置，若不渗水，则洗涤干净后即可使用。容量瓶的洗涤原则和方法同前。

此外，磨口玻璃塞与容量瓶是配套的，要用橡皮圈将玻璃塞系在瓶颈上，以防搞错而引起漏水。

（二）容量瓶的使用操作

容量瓶的主要用途是：将基准物质配成一定准确浓度的溶液；或将浓溶液准确地稀释成一定浓度的稀溶液。

1. 用固体物质配制溶液

当用固体物质配制准确浓度的溶液时，先将准确称量的固体物质置于小烧杯中，加入少量去离子水（或适当溶剂）溶解，再按图 6-6 所示操作方法定量地转移到容量瓶中，再用少量去离子水冲洗烧杯 3～4 次，每次洗出液均转入容量瓶中，经数次洗涤，溶解物就可全部移入容量瓶中。这个过程称为定量转移。然后用去离子水稀释至容积的三分之二处，旋摇容量瓶使溶液混合，再继续滴加去离子水至溶液弯月面的最低点恰好与标线相切。盖紧瓶塞，以手指压住瓶塞，用另一只手托住瓶底，将瓶反复倒悬，并摇荡数次，使溶液充分混合均匀，这个操作过程称为定容。

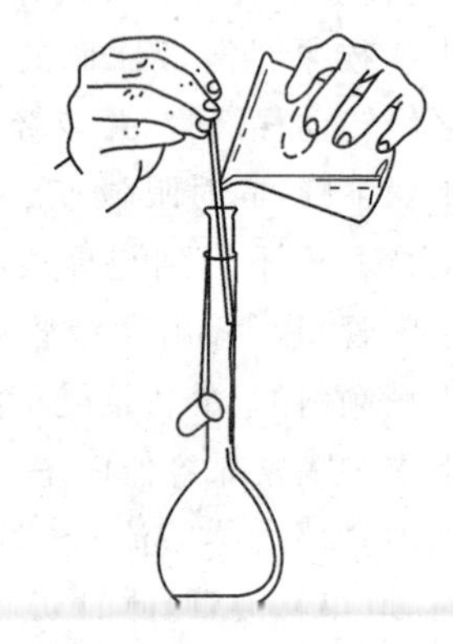

图 6-6　溶液转移入量瓶

2. 将浓溶液稀释

如果是将浓溶液稀释为稀溶液，可用移液管移取一定体积的浓溶液放于容量瓶中，用去离子水稀释至容积的四分之三处时，将容量瓶平摇几次，再滴加去离子水至标线，然后按上述方法混合均匀即可。

热的溶液要冷却到室温后再稀释到标线，否则会造成体积误差。

配好的溶液，不宜在容量瓶内长期存放。若需长期存放已配好的溶液，应将溶液转移到试剂瓶中保存。

容量瓶和移液管、吸量管都是有刻度的精密玻璃量器，不能放在烘箱中烘烤，以免由于烘烤引起容积变化而影响测量的准确度。

思 考 题

1. 在进行滴定分析时，哪些仪器需要用所取溶液润洗，哪些仪器不能用所取溶液润洗？否则将会产生什么错误？

2. 在实验时，为什么体积的测量有时要很准确，有时则不需要很准确？哪些量器是准确的，哪些量器是不很准确的？

3. 在滴定时，怎样控制半滴滴定剂的加入？

实验七　酸碱溶液的标定和比较滴定

一、实验目的

1. 掌握酸碱溶液的配制、标定和比较滴定的方法。

2. 巩固分析天平的使用。

3. 学会滴定操作技术。

二、原　理

配制酸溶液通常用盐酸或硫酸，不用硝酸或醋酸，因为硝酸有氧化性而醋酸酸性太弱。

配制碱溶液通常用氢氧化钠。

酸溶液通常用硼砂（$Na_2B_4O_7 \cdot 10H_2O$）或碳酸钠（Na_2CO_3）标定；碱溶液通常用邻苯二甲酸氢钾（$KHC_8H_4O_4$）标定。

用 $Na_2B_4O_7 \cdot 10H_2O$ 标定 HCl 溶液，反应如下：

$$Na_2B_4O_7 + 2HCl + 5H_2O = 4H_3BO_3 + 2NaCl$$

由反应式可知，1mol（HCl）正好与 1mol（$\frac{1}{2}Na_2B_4O_7 \cdot 10H_2O$）完全反应。由于生成的 H_3BO_3 是弱酸，等量点时 pH 值约为 5，故可选用甲基红作指示剂。

用 $KHC_8H_4O_4$ 标定 NaOH 溶液，反应如下：

$$C_6H_4(COOH)(COOK) + NaOH = C_6H_4(COONa)(COOK) + H_2O$$

由反应可知，1mol（$KHC_8H_4O_4$）与 1mol（NaOH）完全反应。达等量点时，溶液呈碱性，pH 值约为 9，可选用酚酞作指示剂。

NaOH 和 HCl 溶液反应达等量点时：

$$c_{HCl} \cdot V_{HCl} = c_{NaOH} \cdot V_{NaOH}$$

即

$$\frac{c_{HCl}}{c_{NaOH}} = \frac{V_{NaOH}}{V_{HCl}}$$

因此，只要标定其中任何一种溶液的浓度，通过比较滴定的结果(体积比)，可以算出另一种溶液的准确浓度。

三、仪器和试剂

(一)仪　器

50ml 酸式和碱式滴定管各 1 支；250ml 锥形瓶 3 只；10ml 和 500ml 量筒各 1 个；500ml 烧杯 1 只；500ml 小口试剂瓶 2 只。

(二)试　剂

(1)浓 HCl(密度为 1.18～1.19)

(2)固体 NaOH

(3)0.2%甲基橙水溶液

(4)0.2%甲基红乙醇溶液

(5)0.2%酚酞乙醇溶液

(6)硼砂(C.P)

(7)邻苯二甲酸氢钾(C.P)

四、实验内容

(一)溶液的配制

1. 0.1mol·L^{-1}(HCl)溶液的配制

用干净的 10ml 量筒量取浓 HCl4.5ml，倒入事先已加少量去离子水的烧杯中，用去离子水稀释至 500ml，倒入试剂瓶中，摇匀，贴好标签。

2. 0.1mol·L^{-1}(NaOH)溶液的配制

用台天平称取 2g 固体 NaOH，放入烧杯，用去离子水溶解，稀释至 500ml，倒入试剂瓶中，用橡皮塞塞紧，摇匀，贴上标签。

(二)标　定

1. 0.1mol·L^{-1}(HCl)溶液的标定

准确称取硼砂 3 份(每份重 0.4～0.6g),分别放入 3 只锥形瓶中,各加 30ml 去离子水溶解,加甲基红溶液 1～2 滴,用配制的 HCl 溶液滴定至溶液由黄变橙为终点。根据下式计算 HCl 的浓度:

$$c_{HCl}=\frac{m_{Na_2B_4O_7\cdot 10H_2O}}{\frac{V_{HCl}}{1000}\times M_{\frac{1}{2}Na_2B_4O_7\cdot 10H_2O}}$$

要求标定结果相对均差小于 0.2%。

2.0.1mol·L^{-1}(NaOH)溶液的标定

准确称取邻苯二甲酸氢钾 3 份(每份重 0.6～0.8g),分别放入三个锥形瓶中,各加 30ml 煮沸后冷却的去离子水溶解,加 1～2 滴酚酞指示剂,用配制的 NaOH 溶液滴定至粉红色,半分钟内不褪色,即为终点。根据下式计算 NaOH 溶液的浓度:

$$c_{NaOH}=\frac{m_{KHC_8H_4O_4}}{\frac{V_{NaOH}}{1000}\times M_{KHC_8H_4O_4}}$$

要求标定结果相对均差小于 0.2%。

(三)比较滴定

将酸、碱标准溶液分别装入酸、碱滴定管,记录初读数。由碱式滴定管放出 20.00mlNaOH 溶液于锥形瓶中,加入 1～2 滴甲基橙指示剂,用 HCl 溶液滴定至溶液由黄色变为橙色,即为终点。若溶液变为红色,滴定已超过终点,可用 NaOH 溶液回滴至溶液变为黄色,再用 HCl 溶液滴至橙色。准确记录酸、碱溶液的读数。注意:平行测定 3 次,每次滴定前,都要把酸、碱滴定管装满。

分别计算每毫升 NaOH 溶液相当于多少毫升 HCl 溶液,即求出 V_{HCl}/V_{NaOH} 值。要求 3 次测定结果的相对均差小于 0.2%。

由已标定的 HCl(或 NaOH)的准确浓度及两者体积比的平均值,就可计算 NaOH(或 HCl)的准确浓度。

附:实验报告示例(供参考)

酸、碱溶液的标定和比较滴定

一、实验目的(略)

二、原　理(略)

三、实验步骤(略)

四、数据记录(以标定 HCl 溶液为例)

表 7-1　0.1mol·L^{-1}(HCl)溶液的标定

<table>
<tr><th>测定次数</th><th>Ⅰ</th><th>Ⅱ</th><th>Ⅲ</th></tr>
<tr><td>硼砂和称量瓶重(g)</td><td>20.5713</td><td>20.1638</td><td>19.7546</td></tr>
<tr><td>倾出后硼砂和称量瓶重(g)</td><td>20.1638</td><td>19.7546</td><td>19.3461</td></tr>
<tr><td>硼砂重(g)</td><td>0.4075</td><td>0.4092</td><td>0.4085</td></tr>
<tr><td>HCl 溶液休积 V(ml)</td><td>20.11</td><td>20.16</td><td>20.10</td></tr>
<tr><td>HCl 溶液浓度 c_{HCl}</td><td>0.1063</td><td>0.1064</td><td>0.1066</td></tr>
<tr><td>HCl 溶液平均浓度 $\bar{c}_{HCl}$</td><td colspan="3">$\frac{0.1063+0.1064+0.1066}{3}=0.1064$</td></tr>
<tr><td>绝对偏差</td><td>0.1063－0.1064
＝－0.0001</td><td>0.1064－0.1064
＝0.0000</td><td>0.1066－0.1064
＝＋0.0002</td></tr>
<tr><td>绝对平均偏差</td><td colspan="3">$\frac{|-0.0001|+|0.0000|+|0.0002|}{3}=0.0001$</td></tr>
<tr><td>相对平均偏差</td><td colspan="3">$\frac{0.0001}{0.1064}\times100\%=0.09\%$</td></tr>
</table>

注:盐酸浓度计算如下:

$$c_{HCl}=\frac{m_{Na_2B_4O_7\cdot10H_2O}}{\frac{V_{HCl}}{1000}\times M_{\frac{1}{2}Na_2B_4O_7\cdot10H_2O}}$$

五、实验结果(略)

六、讨论(略)

思 考 题

1. 为什么 HCl 和 NaOH 标准溶液都不能用直接法配制？

2. 基准物质称完后需加 30ml 水溶解，水的体积是否要准确量取？为什么？

3. 如果 NaOH 标准溶液在保存过程中吸收了空气中的 CO_2，用该溶液滴定 HCl 溶液时，以甲基橙为指示剂，NaOH 溶液的浓度会不会改变？若改用酚酞作指示剂，情况如何？

实验八　食醋总酸量的测定

一、实验目的

1.练习用中和法直接测定酸性物质。

2.练习如何测定液体样品。

3.练习碱式滴定管、移液管和容量瓶的使用。

二、原　理

对于液体样品，一般不称其质量而量其体积，测定结果以每升或每 100ml 液体中所含被测物质来表示(g/L 或 g/100ml)。如果样品的浓度大，应在滴定前作适当稀释。

食醋的主要成分是醋酸(HAc)，还有少量其他弱酸、乳酸等。用 NaOH 滴定时，凡是 $K_a > 10^{-7}$ 的酸均被滴定，因此测出的是总酸量，其含量以醋酸表示。

用 NaOH 滴定醋酸，其反应式为：

$$CH_3COOH + NaOH \longrightarrow CH_3COONa + H_2O$$

等量点的 pH 约为 8.7，应选用酚酞为指示剂，终点时溶液由无色变为粉红色。

食醋中约含 HAc3%～5%，应稀释(约 5 倍)后再进行滴定。

三、仪器和试剂

(一)仪　器

50ml 碱式滴定管 1 支；25ml 移液管 1 支；250ml 容量瓶 1 只；250ml 锥形瓶 4 只。

(二)试　剂

(1)0.1mol·L^{-1}(NaOH)标准溶液

(2)0.2%酚酞乙醇溶液

(3)食醋试样

四、实验内容

用移液管吸取 50ml 样品，放入 250ml 容量瓶中，定容。

用 25ml 移液管按规定吸出 4 份稀释好的试液，分别放入 4 只锥形瓶中，各加入 2 滴酚酞，用标准 NaOH 溶液滴定到溶液呈粉红色，且在半分钟内不褪为止。

要求有 3 个符合要求的结果。

由下式计算样品总酸量(g/L)：

$$食醋的总酸量 = c_{NaOH}V_{NaOH} \times \frac{M_{HAc}}{1000} \times \frac{250}{25} \times \frac{1000}{50}$$

思　考　题

1. 以 NaOH 溶液滴定 HAc 溶液，属于哪种滴定类型？

2. 测定结果为什么不是醋酸含量，而是食醋的总酸量？

实验九　铵盐中氮的测定(甲醛法)

一、实验目的

1. 掌握间接法测定铵盐中氮含量的原理和方法。

2. 学会除去试剂中的甲酸和试样中的游离酸的方法。

二、原　理

铵盐中 NH_4^+ 离子的酸性很弱($K_a=5.7\times10^{-10}$),只能用 NaOH 标准溶液间接滴定。铵盐与甲醛作用,可生成一定量的强酸,然后以酚酞为指示剂,用 NaOH 标准溶液滴定反应中生成的酸。甲醛法测定铵盐中氮含量的反应方程式如下:

$$4NH_4^+ + 6HCHO = (CH_2)_6N_4 + 6H_2O + 4H^+$$①

由反应式可知,1mol(NaOH)可间接地同 1mol(NH_4^+)完全反应。

由于溶液中存在的六亚甲基四胺是一种很弱的碱($K_b=1.4\times10^{-9}$),等量点时,溶液的 pH 值约为 8.7,故选酚酞为指示剂。

铵盐与甲醛的反应在室温下进行较慢,加甲醛后,需放置几分钟,使反应完全。

甲醛中常含有少量甲酸,使用前必须先以酚酞为指示剂,用 NaOH 溶液中和,否则会使测定结果偏高。

有时铵盐中含有游离酸,应利用中和法除去,即以甲基红为指示剂,用 NaOH 标准溶液滴定铵盐溶液至橙色,记录 NaOH 溶液用量 V_1ml;另取等量铵盐溶液,加甲醛溶液和酚酞指示剂,用

---

① 反应生成的$(CH_2)_6N_4$在酸性介质中,以$(CH_2)_6N_4H^+$离子存在。

NaOH 标准溶液滴定至粉红色，在半分钟内不褪色，即为终点，记录 NaOH 溶液用量 V_2ml。两次滴定所耗 NaOH 溶液的体积之差 (V_2-V_1)，即为测定铵盐中氮含量所需的 NaOH 溶液的体积。

若在一份试液中，用两种指示剂连续滴定，溶液颜色变化复杂，终点不易观察。

三、仪器和试剂

（一）仪　器

50ml 碱式滴定管 1 支；25ml 锥形瓶 3 只；100ml 烧杯 1 只；250ml 容量瓶 1 只；25ml 移液管 1 支。

（二）试　剂

(1) $(NH_4)_2SO_4$ 样品

(2) 0.1mol·L^{-1} NaOH 标准溶液

(3) 0.2%甲基红乙醇溶液

(4) 0.2%酚酞乙醇溶液

(5) 18%中性甲醛溶液：将 37%甲醛溶液用等体积的去离子水稀释后，加 2 滴酚酞指示剂，滴加 0.1mol·L^{-1}(NaOH) 标准溶液至溶液呈粉红色。

四、实验内容

准确称取硫酸铵样品 1.5～2.0g 于烧杯中，加 30ml 去离子水溶解，然后把溶液定量转移到 250ml 容量瓶中，定容。用移液管移取 25.00ml 试液于锥形瓶中，加 2 滴甲基红指示剂，如呈红色，表示有游离酸，需用 NaOH 标准溶液滴定至橙色，记下 NaOH 用量 V_1ml。另取 25.00ml 试液于锥形瓶中，加入 5ml18%中性甲醛溶液，摇匀，放置 5 分钟后，加 2 滴酚酞指示剂，用标准 NaOH 溶液滴至粉红色，半分钟内不褪色，即为终点。记录 NaOH 溶液用量 V_2ml。平行测定 3 次。按下式计算硫酸铵试样中的含氮量：

$$N\text{的含量}=\frac{c_{NaOH}\times\frac{V_2-V_1}{1000}\times M_N}{G\times\frac{25}{250}}\times 100\%$$

思 考 题

1.$(NH_4)_2SO_4$ 试样溶于水后，能否用 NaOH 标准溶液直接测定氮含量？为什么？

2.用 NaOH 标准溶液中和$(NH_4)_2SO_4$ 样品中的游离酸时，能否选用酚酞作为指示剂？为什么？

实验十　Na_2CO_3 和 $NaHCO_3$ 混合碱的测定

一、实验目的

1. 学习用双指示剂法测定 Na_2CO_3 和 $NaHCO_3$ 混合物的原理和方法。

2. 进一步熟练滴定操作技术和正确判断滴定终点。

3. 学会用参比溶液确定终点的方法。

二、原　理

在 Na_2CO_3 和 $NaHCO_3$ 的混合溶液中滴加 HCl 溶液时，首先发生下式反应：

$$CO_3^{2-} + H^+ \longrightarrow HCO_3^-$$

达第一等量点时，Na_2CO_3 被滴至 $NaHCO_3$，此时溶液 pH 值为 8.32，滴定以酚酞为指示剂。由于终点颜色由红色变为无色，且突跃小，比较难观察，滴定误差较大。因此，常用参比溶液①做对照，以提高分析的准确度。继续用 HCl 滴定发生如下反应：

$$HCO_3^- + H^+ \rightleftharpoons H_2CO_3$$

到达第二等量点时，$NaHCO_3$ 被滴至 H_2CO_3。由于 H_2CO_3 易分解为 CO_2 和 H_2O，溶液相当于 H_2CO_3 的饱和溶液，其浓度约为 $0.04mol \cdot L^{-1}(H_2CO_3)$，此时溶液的 pH 值为 3.89，滴定以甲基橙为指示剂。

---

①　参比溶液是根据等量点时溶液的组成、浓度、体积和指示剂量专门配制的溶液，或者是与等量点时溶液的 pH 值、体积和指示剂量相同的缓冲溶液。

三、仪器和试剂

(一)仪　器

50ml 酸式滴定管 1 支；250ml 锥形瓶 3 只；250ml 容量瓶 1 只；25ml 移液管 1 支；150ml 烧杯 1 只；磨口锥形瓶 1 只(公用)。

(二)试　剂

(1)Na_2CO_3 和 $NaHCO_3$ 混合碱样品

(2)0.1mol·L^{-1}(HCl)标准溶液

(3)0.2%酚酞乙醇溶液

(4)0.2%甲基橙水溶液

(5)pH＝8.3 的参比溶液：0.05mol·L^{-1}($Na_2B_4O_7$)溶液 30ml 加 0.1mol·L^{-1}(HCl)溶液 20ml，加 5 滴酚酞指示剂，盖好瓶盖，摇匀备用。

四、实验内容

准确称取约 2g 试样于 150ml 烧杯中，加少量去离子水并加热使其溶解。待溶液冷却后，定量转移至 250ml 容量瓶中定容。充分摇匀。

移取 25.00ml 上述溶液于锥形瓶中，加入 5 滴酚酞指示剂。用 HCl 标准溶液滴定到溶液呈粉红色。以参比溶液为对照，缓慢滴入 HCI 标准溶液，每加一滴，均需充分摇动，慢慢滴到溶液颜色与参比溶液的浅粉红色一样为止。记录所消耗 HCl 标准溶液体积 V_1ml。

在上述溶液中加入 2 滴甲基橙指示剂，继续用 HCl 溶液滴定到溶液由黄色变为橙色。接近等量点时应剧烈摇动溶液，以免形成 CO_2 过饱和溶液而使终点提前。记录消耗 HCl 溶液体积 V_2ml。平行测定 3 次。按下式计算混合碱溶液中 Na_2CO_3 和 $NaHCO_3$ 的含量及试样的总碱量(以 Na_2CO_3 含量表示)：

$$\text{Na}_2\text{CO}_3\ 含量=\frac{c_{\text{HCl}}\dfrac{2V_{1,\text{HCl}}}{1000}\times M_{\frac{1}{2}\text{Na}_2\text{CO}_3}}{G\times\dfrac{25}{250}}\times 100\%$$

$$\text{NaHCO}_3\ 含量=\frac{c_{\text{HCl}}\times\dfrac{V_2-V_1}{1000}\times M_{\text{NaHCO}_3}}{G\times\dfrac{25}{250}}\times 100\%$$

$$混合碱的总碱量=\frac{c_{\text{HCl}}\times\dfrac{V_1+V_2}{1000}\times M_{\frac{1}{2}\text{Na}_2\text{CO}_3}}{G\times\dfrac{25}{250}}\times 100\%$$

思　考　题

1. 如果样品是 NaOH 和 Na_2CO_3 的混合物，应如何测定其含量？

2. 测定混合碱，接近第一等量点时，若滴定速度太快，摇动锥形瓶又不够，致使滴定液 HCl 局部过浓，会对测定造成什么影响？为什么？

实验十一　重铬酸钾法测定亚铁盐中的铁含量

一、实验目的

1. 掌握用重铬酸钾法测定亚铁盐中铁含量的原理和方法。

2. 学会 $K_2Cr_2O_7$ 标准溶液的直接配制方法。

二、原　理

重铬酸钾在酸性介质中可将 Fe^{2+} 离子定量地氧化，其本身被还原为 Cr^{3+} 离子，反应如下：

$$Cr_2O_7^{2-} + 6Fe^{2+} + 14H^+ = 2Cr^{3+} + 6Fe^{3+} + 7H_2O$$

因此，用 $K_2Cr_2O_7$ 标准溶液滴定溶液中的 Fe^{2+} 离子，可以测定试样中的铁含量①。滴定在硫-磷混合酸介质中进行，以二苯胺磺酸钠为指示剂，滴定至溶液呈现紫红色即为终点。

三、仪器和试剂

（一）仪　器

50ml 酸式滴定管 1 支；250ml 容量瓶 1 只；250ml 锥形瓶 3 只；250ml 烧杯 1 只；20ml 量筒 1 个；100ml 量筒 1 个。

（二）试　剂

（1）硫酸亚铁铵固体

---

① 若样品中含有 Fe^{3+} 离子，则需将 Fe^{3+} 离子还原为 Fe^{2+} 离子。通常，在浓 HCl 介质中用 $SnCl_2$ 将 Fe^{3+} 还原为 Fe^{2+}，过量的 $SnCl_2$ 用 $HgCl_2$ 氧化除去，此时溶液中应有白色丝状沉淀生成。主要反应为：

$$2FeCl_4^- + SnCl_4^{2-} + 2Cl^- = 2FeCl_4^{2-} + SnCl_6^{2-}$$

$$SnCl_4^{2-} + 2HgCl_2 = SnCl_6^{2-} + Hg_2Cl_2 \downarrow$$

(2)$K_2Cr_2O_7$ 固体(A.R.)

(3)0.2%二苯胺磺酸钠溶液

(4)硫-磷混合酸:将 15ml 浓硫酸缓慢注入 70ml 去离子水中,冷却后再加 15ml 浓磷酸。

四、实验内容

(一)0.1mol·L^{-1}($\frac{1}{6}K_2Cr_2O_7$)标准溶液的配制

准确称取已烘干的 $K_2Cr_2O_7$ 约 1.25g(在 150~200℃烘干约一小时后放干燥器中冷却备用),置于 250ml 烧杯中,加水溶解,定量地转移到 250ml 容量瓶中,用去离子水稀释至刻度,摇匀。按下式计算准确浓度:

$$c_{\frac{1}{6}K_2Cr_2O_7}=\frac{m_{K_2Cr_2O_7}}{M_{\frac{1}{6}K_2Cr_2O_7}\times\frac{250}{1000}}$$

(二)亚铁盐中铁含量的测定

准确称取约 0.8~1.2g 硫酸亚铁铵 3 份,分别置于干燥的 250ml 锥形瓶内。先将其中一份用 100ml 去离子水溶解,然后加 15ml 硫-磷混合酸,再加 5~6 滴二苯胺磺酸钠指示剂,用 $K_2Cr_2O_7$ 标准溶液滴定至溶液呈持久的紫色即为终点。记录滴定所耗 $K_2Cr_2O_7$ 标准溶液的体积。

按上述步骤,再逐一处理、滴定另两份硫酸亚铁铵试样。

根据下式计算亚铁盐中的铁含量,并计算测定结果的相对均差,要求相对均差低于 0.2%。

$$\text{Fe 含量}=\frac{c_{\frac{1}{6}K_2Cr_2O_7}\times\frac{V_{K_2Cr_2O_7}}{1000}\times M_{Fe}}{G}\times100\%$$

思 考 题

1.为什么要测定完第一份试样后,再依次测定第二份、第三份试样？

2. 用 $K_2Cr_2O_7$ 法测定 Fe^{2+} 时，滴定前为什么要加硫-磷混合酸？

实验十二　过氧化氢含量的测定（高锰酸钾法）

一、实验目的

1. 掌握 $KMnO_4$ 标准溶液的配制和标定的方法。

2. 掌握 $KMnO_4$ 法测定过氧化氢含量的原理和方法。

二、原　理

在稀硫酸溶液中，在室温条件下过氧化氢被高锰酸钾定量地氧化，其反应式为：

$$5H_2O_2 + 2MnO_4^- + 6H^+ = 2Mn^{2+} + 5O_2\uparrow + 8H_2O$$

因此，测定过氧化氢时，可用高锰酸钾溶液作滴定剂，根据微过量的高锰酸钾本身的紫红色显示终点。

滴定开始时，反应速度较慢，因而刚滴入的高锰酸钾溶液不易褪色。由于反应生成的 Mn^{2+} 离子对反应起催化作用，加快了反应速度，故能顺利地滴定到终点。

根据高锰酸钾的浓度和滴定所耗用的体积，可以算得溶液中的过氧化氢含量。

三、仪器和试剂

（一）仪　器

50ml 酸式滴定管 1 支；250ml 容量瓶 1 只；250ml 锥形瓶 3 只；1ml 移液管 1 支；25ml 移液管 1 支；500ml 烧杯 1 只；500ml 棕色试剂瓶 2 只；100ml 量筒 1 个；3 号（或，1 号）微孔玻璃漏斗 1 个。

（二）试剂

（1）$Na_2C_2O_4$ 固体（A. R.）

(2)$KMnO_4$ 固体

(3)3mol·L^{-1}(H_2SO_4)溶液

(4)30%H_2O_2

四、实验内容

(一)0.1mol·L^{-1}($\frac{1}{5}KMnO_4$)标准溶液的配制和标定

1.0.1mol·L^{-1}($\frac{1}{5}KMnO_4$)标准溶液的配制

称取约0.8g高锰酸钾,置于500ml烧杯中,加250ml去离子水,用玻璃棒搅拌,使之溶解。然后将配好的溶液加热至微沸并保持1小时,冷却后倒入棕色试剂瓶中,于暗处静置2~3天。然后,再用3号微孔玻璃漏斗过滤,滤液贮于棕色试剂瓶中。

2.0.1mol·L^{-1}($\frac{1}{5}KMnO_4$)标准溶液的标定

准确称取已烘干的$Na_2C_2O_4$(在110℃下烘干约2小时,然后置于干燥器中冷却备用)3份(每份0.16~0.20g),分别置于250ml锥形瓶中,加新煮沸过的去离子水50ml和3mol·L^{-1}(H_2SO_4)20ml,使之溶解。待$Na_2C_2O_4$溶解后,加热至75~85℃,趁热用待标定的高锰酸钾溶液滴定。每加入一滴$KMnO_4$溶液,都摇动锥形瓶,使$KMnO_4$颜色褪去后,再继续滴定。由于产生的少量Mn^{2+}离子对滴定反应有催化作用,使反应速度加快,滴定速度可以逐渐加快,但临近终点时滴定速度要减慢,直至溶液呈现微红色并持续半分钟不褪色即为终点。记录滴定所耗用$KMnO_4$的体积,按下式计算$KMnO_4$溶液的准确浓度。以3次平行测定结果的平均值作为$KMnO_4$标准溶液的浓度。

$$c_{\frac{1}{5}KMnO_4}=\frac{m_{Na_2C_2O_4}}{M_{\frac{1}{2}Na_2C_2O_4}\times\frac{V_{KMnO_4}}{1000}}$$

(二)H_2O_2 含量的测定

用移液管移取 30% H_2O_2 溶液 1.00ml,置于 250ml 容量瓶中,加去离子水稀释至刻度,充分摇匀。然后用移液管移取 25.00ml 上述溶液,置于 250ml 锥形瓶中,加入 50ml 去离子水和 10ml3mol·L^{-1}(H_2SO_4)溶液①,用 $KMnO_4$ 标准溶液滴定至溶液呈微红色,在半分钟内不褪色即为终点。记录滴定时所消耗的 $KMnO_4$ 溶液体积。平行测定 3 次。

按下式计算样品中 H_2O_2 的含量:

$$H_2O_2\text{ 含量}=\frac{c_{\frac{1}{5}KMnO_4}\times\frac{V_{KMnO_4}}{1000}\times M_{\frac{1}{2}H_2O_2}}{1.00\times\frac{25}{250}}\times100\%$$

思　考　题

1. $KMnO_4$ 溶液的配制过程中,能否用定量滤纸来代替微孔玻璃漏斗过滤? 为什么?

2. 用 $Na_2C_2O_4$ 为基准物标定 $KMnO_4$ 溶液时,应该注意哪些反应条件?

3. 用 $KMnO_4$ 法测定 H_2O_2 时,能否用 HNO_3 或 HCl 来控制酸度? 为什么?

4. 装过 $KMnO_4$ 溶液的滴定管或容器,常有不易洗去的棕色物质,这是什么? 怎样除去?

---

① 由于 H_2O_2 与 $KMnO_4$ 溶液开始反应速度很慢,$KMnO_4$ 紫色不易褪去,可以再加入 2～3 滴 1mol·L^{-1}($MnSO_4$)溶液为催化剂,以加快反应速度。

实验十三　钙盐中钙含量的测定（高锰酸钾法）

一、实验目的

1. 掌握高锰酸钾法测定钙盐中钙含量的原理和方法。

2. 练习沉淀分离的一些基本操作（沉淀、过滤、洗涤等）。

二、原　理

钙盐中钙含量可以用 $KMnO_4$ 法间接地测定。

Ca^{2+} 离子能和 $C_2O_4^{2-}$ 离子生成难溶的白色晶形沉淀 CaC_2O_4。生成的 CaC_2O_4 经过滤、洗涤，除去剩余的 $C_2O_4^{2-}$ 离子后溶于酸中，然后用 $KMnO_4$ 标准溶液来滴定与 Ca^{2+} 离子相当的 $C_2O_4^{2-}$ 离子，根据滴定所用 $KMnO_4$ 溶液的浓度和体积，以及试样的质量，可以计算出 Ca^{2+} 离子含量。其主要反应如下：

$$Ca^{2+} + C_2O_4^{2-} = CaC_2O_4 \downarrow$$

$$CaC_2C_4 + H_2SO_4 = CaSO_4 + H_2C_2O_4$$

$$5H_2C_2O_4 + 2MnO_4^- + 6H^+ = 2Mn^{2+} + 10CO_2 \uparrow + 8H_2O$$

在中性或微碱性钙盐溶液中加入 $(NH_4)_2C_2O_4$ 时，由于生成的 CaC_2O_4 中常混有 $Ca(OH)_2$ 或碱式草酸钙 $(CaOH)_2C_2O_4$ 等杂质而妨碍 CaC_2O_4 的定量析出。在酸性钙盐溶液中加入 $(NH_4)_2C_2O_4$ 时，不会生成 $Ca(OH)_2$ 或 $(CaOH)_2C_2O_4$ 沉淀，并能使 $CaCaO_4$ 沉淀完全。因此，沉淀 Ca^{2+} 离子通常是在酸性溶液中进行。

由于 CaC_2O_4 是弱酸盐沉淀，其溶解度随溶液的酸度增加而增大，当溶液的 pH 值为 4 时，CaC_2O_4 的溶解损失可以忽略。因此，正确沉淀 CaC_2O_4 的方法是先把含 Ca^{2+} 离子的溶液用盐酸酸化，然后加入$(NH_4)_2C_2O_4$ 溶液。$C_2O_4^{2-}$ 离子在酸性溶液中主要以 $HC_2O_4^-$ 离子存在，$C_2O_4^{2-}$ 离子的浓度很小，即使溶液中的 Ca^{2+} 离子的浓度较大，也不致生成 CaC_2O_4 沉淀。然后，向溶液中缓慢滴加稀氨水，把溶液的 pH 值最后控制在 3.5～4.5 之间，以甲基红为指示剂，用稀氨水中和溶液由红色变为橙色为止。这时溶液中的 H^+ 离子逐渐被中和，$C_2O_4^{2-}$ 离子浓度缓缓增加，从而缓慢地形成粗大结晶的 CaC_2O_4 沉淀。

本实验采用以尿素 $CO(NH_2)_2$ 水解产生 NH_3，使 CaC_2O_4 均匀沉淀，即在含 Ca^{2+} 离子的酸性溶液中加入$(NH_4)_2C_2O_4$ 后，再加入尿素，加热，使尿素水解产生的 NH_3 代替加入稀氨水，在溶液中均匀地中和 H^+ 离子，使 CaC_2O_4 的整个沉淀过程保持在低饱和程度下缓慢而均匀地进行，从而析出较粗大、紧密的沉淀。

三、仪器和试剂

(一)仪　器

50ml 酸式滴定管 1 支；25ml 移液管 1 支；400ml 烧杯 2 只；10ml 量筒 1 个；100ml 量筒 1 个；漏斗 1 个；漏斗架 1 个；表面皿 2 块。

(二)试　剂

(1)尿素 $CO(NH_2)_2$(固体)

(2)$CaCO_3$ 试样(固体)或含 Ca^{2+} 的溶液

(3)0.1ml・L^{-1}($KMnO_4$)标准溶液

(4)6mol・L^{-1}(HCl)溶液

(5)1mol・L^{-1}(H_2SO_4)溶液

(6)0.2mol・$L^{-1}$$(NH_4)_2C_2O_4$ 溶液

(7)0.1%$(NH_4)_2C_2O_4$ 溶液

(8)0.1mol・L^{-1}($AgNO_3$)溶液

(9)0.1%甲基红指示剂

四、实验内容

准确称 $CaCO_3$ 试样 2 份(每份 0.1～0.15g)分别放入 2 只 400ml 烧杯中,各加少量去离子水润湿,盖上表面皿,从烧杯嘴处缓缓滴加 6mol·L^{-1}(HCl)溶液 10ml,轻摇烧杯,使样品全部溶解,待样品不再发生气泡时,用洗瓶冲洗表面皿或烧杯壁上的附着物,加入 35ml0.2mol·$L^{-1}$$(NH_4)_2C_2O_4$ 溶液,最后加去离子水使溶液总体积为 100ml。

若样品为液体,则用移液管移取 25.00ml 试液 2 份分别置于 2 只 400ml 烧杯中,加入 10ml6mol·L^{-1}(HCl)溶液和 35ml0.2mol·$L^{-1}$$(NH_4)_2C_2O_4$ 溶液,最后加去离子水至溶液总体积为 100ml。

在上述溶液中,加入 2 滴甲基红指示剂和 10g 尿素,在水浴上加热到微沸,直到溶液从红色变为橙黄色,继续在水浴上加热半小时,使 CaC_2O_4 沉淀陈化。要注意在沉淀过程中蒸发掉的水分。

陈化后停止加热,将溶液放置冷却。在上层清液中加数毫升 0.2mol·$L^{-1}$$(NH_4)_2C_2O_4$ 溶液,检验溶液中 Ca^{2+} 离子是否沉淀完全。

检验证明 Ca^{2+} 离子沉淀完全后,用中速滤纸以倾泻法①过滤。用冷的 0.1%$(NH_4)_2C_2O_4$ 溶液以倾泻法洗涤沉淀 3～4 次,每次用 15ml。然后再用冷的去离子水洗涤沉淀数次,直至洗液中不含 Cl^- 离子为止(随时取滤出的洗涤液用 0.1mol·L^{-1} $AgNO_3$ 溶液检验)。在用倾泻法过滤沉淀时,要注意尽可能勿使沉淀转移到滤纸上。

洗涤完毕后,把原来进行沉淀的烧杯放在相应的漏斗下面,使漏斗颈紧靠杯壁,用玻璃棒将滤纸尖端穿一小孔,用去离子水把沉淀冲入烧杯,再用 50ml1mol·$L^{-1}$$(H_2SO_4)$溶液分几次淋洗滤纸,最后加去离子水使溶液总体积为 100ml。

---

① 关于倾泻法的操作,见实验五中的“附注”。

把溶液加热到 75～85℃，在不断搅拌下，用 0.1mol·L^{-1} ($KMnO_4$)标准溶液滴定至溶液刚出现粉红色，再把滤纸投入，搅拌，若溶液褪色，则再滴入 $KMnO_4$ 溶液，直到出现的粉红色在半分钟内不褪色为止。记录滴定所耗 $KMnO_4$ 溶液的体积。

根据 $KMnO_4$ 溶液的浓度、体积和试样的质量按下式计算钙的含量①，并计算两次平行分析的相对相差。

$$\text{Ca 含量} = \frac{c_{\frac{1}{5}KMnO_4} \times \frac{V_{KMnO_4}}{1000} \times M_{\frac{1}{2}Ca}}{G} \times 100\%$$

思　考　题

1. 沉淀 CaC_2O_4 应注意哪些条件？为什么要维持这些条件？

2. CaC_2O_4 沉淀为什么先用稀的$(NH_4)_2C_2O_4$ 溶液洗涤，然后再用去离子水洗涤？

3. 如何知道 CaC_2O_4 沉淀已经洗涤干净？洗涤不干净对测定结果有何影响？

4. 溶解 CaC_2O_4 沉淀能否使用 HCl？

---

① 若所测试样为液体，试样中 Ca^{2+} 的含量则以 g·L^{-1} 表示：

$$\text{Ca 含量} = \frac{c_{\frac{1}{5}KMnO_4} \times \frac{V_{KMnO_4}}{1000} \times M_{\frac{1}{2}Ca}}{\frac{25}{1000}}$$

实验十四　胆矾中铜的测定
（碘量法）

一、实验目的

1. 掌握碘量法测定胆矾中铜含量的原理和方法。

2. 学会 $Na_2S_2O_3$ 标准溶液的配制和标定方法。

二、原　理

胆矾（$CuSO_4 \cdot 5H_2O$）是农药波尔多液的主要原料。胆矾中铜的含量常用间接碘量法测定。在微酸性介质中，Cu^{2+} 与 I^- 作用，生成 CuI 沉淀，并析出 I_2，其反应为：

$$2Cu^{2+}+4I^- \rightleftharpoons 2CuI+I_2$$

$$I_2+I^- \rightleftharpoons I_3^-$$

Cu^{2+} 与 I^- 间的反应是可逆的，为使 Cu^{2+} 的还原趋于完全，须加入过量的 KI，但由于生成的 CuI 沉淀强烈地吸附 I_3^- 离子，又会使结果偏低。欲减少 CuI 沉淀对 I_3^- 的吸附，当用 $Na_2S_2O_3$ 滴定 I_2 接近终点时，可加入 KSCN，使 CuI 转化为溶解度更小的 CuSCN沉淀，其反应为：

$$CuI+SCN^- = CuSCN\downarrow +I^-$$

CuSCN 对 I_3^- 的吸附较困难，使 Cu^{2+} 与 I^- 间的反应趋于完全。

Cu^{2+} 与 I^- 作用生成的 I_2，用 $Na_2S_2O_3$ 标准溶液滴定，以淀粉为指示剂，滴定至溶液的蓝色刚好消失，即为终点。根据 $Na_2S_2O_3$ 标准溶液的浓度、滴定时所耗用的体积及试样质量，可计算出试样中铜的含量。

Cu^{2+} 与 I^- 作用时，溶液的 pH 值一般控制在 3～4 之间。酸度过低，Cu^{2+} 易水解，使反应不完全，结果偏低；酸度过高，I^- 易被空气中的 O_2 氧化为 I_2，使结果偏高。控制溶液的酸度常采用稀 H_2SO_4 或 HAc，而不用 HCl，因为 Cu^{2+} 易与 Cl^- 生成配离子。

若 Fe^{3+} 存在时，因发生下述反应：

$$2Fe^{3+}+2I^- = 2Fe^{2+}+I_2$$

而使测定结果偏高。为消除 Fe^{3+} 的干扰，可加入 NaF 或 NH_4F，使 Fe^{3+} 形成稳定的 FeF_6^{3-}。

三、仪器和试剂

(一)仪　器

50ml 酸式滴定管 1 支；250ml 锥形瓶 4 只；100ml 烧杯 1 只；20ml 量筒 4 个，100ml 量筒 1 个；棕色试剂瓶(500ml)1 只。

(二)试　剂

(1)$Na_2S_2O_3 \cdot 5H_2O$ 固体

(2)$KBrO_3$ 固体(A. R.)

(3)Na_2CO_3 固体

(4)KI 溶液(10％，实验前新配制)

(5)KSCN 溶液(10％)

(6)饱和 NaF 溶液

(7)3mol·L^{-1}(H_2SO_4)溶液

(8)0.5％淀粉溶液

称取 0.5 可溶性淀粉，用少量水润湿后，加入 100ml 沸水，搅匀。冷却后，可加 0.1gHgI_2 防腐剂。

(9)$CuSO_4 \cdot 5H_2O$ 试样

四、实验内容

(一)0.1mol·L^{-1}($Na_2S_2O_3$)标准溶液的配制与标定

1.0.1mol·L^{-1}($Na_2S_2O_3$)标准溶液的配制

称取 12.5g$Na_2S_2O_3 \cdot 5H_2O$，放于烧杯中，用新煮沸(为什么?)并冷至室温的去离子水溶解，然后加入 0.1gNa_2CO_3，再用新煮沸经冷却的去离子水稀释至500ml，放入棕色试剂瓶中，于暗处放置一周后标定。

2. 0.1mol·L^{-1}($Na_2S_2O_3$)标准溶液的标定

准确称取已烘干(在120℃下烘1～2小时)的$KBrO_3$ 0.1～0.12g，放于250ml锥形瓶内，加50ml去离子水溶解，再加入15ml10%KI溶液和3mol·L^{-1}(H_2SO_4)溶液5ml。在暗处放置5分钟后，用去离子水稀释至150ml。然后，用$Na_2S_2O_3$标准溶液滴定到溶液呈浅黄色时，加入0.5%淀粉溶液5ml，继续滴定至蓝色褪去为止。

重复平行标定3次。

根据$KBrO_3$的质量和滴定所耗用的$Na_2S_2O_3$体积，按下式计算$Na_2S_2O_3$标准溶液的浓度：

$$c_{Na_2S_2O_3}=\frac{m_{KBrO_3}}{M_{\frac{1}{6}KBrO_3}\times\frac{V_{Na_2S_2O_3}}{1000}}$$

(二)胆矾中铜含量的测定

准确称取胆矾试样0.5～0.6g置于250ml锥形瓶中，加3ml3mol·L^{-1}(H_2SO_4)溶液及100ml去离子水。样品溶解后，加入10ml饱和NaF溶液和10ml10%KI溶液，摇匀后立即用$Na_2S_2O_3$标准溶液滴定至浅黄色。加入5ml0.5%淀粉溶液，继续滴定至溶液呈浅蓝色时，再加入10ml10%KSCN溶液，混匀后溶液的蓝色加深。然后，再继续滴定到蓝色刚好消失为止，此时溶液为米色悬浊液，记录滴定所耗用的$Na_2S_2O_3$体积。

平行测定3次。

按下式计算铜的百分含量，并计算结果的相对均差。

$$\text{Cu 含量}=\frac{c_{Na_2S_2O_3}\times\frac{V_{Na_2S_2O_3}}{1000}\times M_{Cu}}{G}\times100\%$$

思　考　题

1.测定铜含量时,所加 KI 为何须过量? KI 的量是否要求很准确? 加入 KSCN 的作用何在? 为什么 KSCN 要在临近终点前加入?

2.用碘量法进行滴定时,酸度和温度对滴定反应有何影响?

3.碘量法的误差来源有哪些? 应如何避免?

实验十五　莫尔法测定氯化物中的氯含量

一、实验目的

1. 学习 $AgNO_3$ 标准溶液的配制和标定方法。

2. 掌握沉淀滴定法中莫尔法测定氯离子的原理和方法。

二、原　理

某些可溶性氯化物中的氯含量常用莫尔法测定。这个方法是在中性或弱碱性溶液中，以 K_2CrO_4 为指示剂，用 $AgNO_3$ 标准溶液滴定 Cl^- 离子。由于 AgCl 的溶解度比 Ag_2CrO_4 小，因而用 $AgNO_3$ 溶液滴定时，溶液中首先析出 AgCl 沉淀，当 AgCl 定量沉淀后，微过量的 Ag^+ 与 CrO_4^{2-} 反应生成砖红色 Ag_2CrO_4 沉淀，表明滴定达到终点。反应为：

$$Ag^+ + Cl^- \longrightarrow AgCl\downarrow \text{（白色）} \quad (K_{SP,AgCl} = 1.8\times10^{-10})$$

$$2Ag^+ + CrO_4^{2-} \longrightarrow Ag_2CrO_4\downarrow \text{（砖红色）}$$

$$(K_{SP,Ag_2CrO_4} = 1.1\times10^{-12})$$

三、仪器和试剂

（一）仪　器

50ml 酸式滴定管 1 支；1ml 移液管 1 支；250ml 容量瓶和 250ml 锥形瓶各 2 只；50ml 量筒 1 个；100ml 烧杯 2 只；25ml 移液管 2 支。

（二）试　剂

（1）固体 NaCl(A. R.)

在 500～600℃灼烧至恒重，放在干燥器中备用。

（2）$AgNO_3$(A. R.)固体，$0.1mol\cdot L^{-1}(AgNO_3)$

(3)K_2CrO_4 指示剂(5%)

四、实验内容

(一)0.1mol·L^{-1}($AgNO_3$)溶液的标定

准确称取 1.5～1.8g 固体 NaCl,置于 100ml 烧杯中,用去离子水溶解后转入 250ml 容量瓶中,加去离子水稀释至刻度,摇匀。

用移液管移取 25.00ml 上述溶液注入锥形瓶中,加 25ml 去离子水,并用 1ml 移液管加入 1ml5%K_2CrO_4 溶液,在不断摇动下用 $AgNO_3$ 溶液滴定至被测溶液呈砖红色即达终点,记录滴定所耗 $AgNO_3$ 溶液的体积。

用相同法标定 3 次,要求 3 次标定的相对平均偏差不超过 0.2%。根据下式计算 $AgNO_3$ 标准溶液的浓度:

$$c_{AgNO_3}=\frac{m_{NaCl}\times\frac{25}{250}}{M_{NaCl}\times\frac{V_{AgNO_3}}{1000}}$$

(二)氯化物中氯含量的测定

准确称取大约 2g NaCl 试样,置于烧杯中,用去离子水溶解后转移到 250ml 容量瓶内,加去离子水稀释至标线,摇匀。

用移液管准确称取 25.00ml 试样溶液注入锥形瓶中,加 25ml 去离子水,并用 1ml 移液管加入 1ml5%K_2CrO_4 溶液,在不断摇动下,用 $AgNO_3$ 标准溶液滴定。当接近终点时,溶液呈浅砖红色,但经摇动后消失。继续滴定至溶液刚显砖红色,且经剧烈摇动仍不消失时,即达终点。

平行测定 3 次,其相对平均偏差应小于 0.2%。按下式计算 Cl 的百分含量:

$$\text{Cl 含量}=\frac{c_{AgNO_3}\times\frac{V_{AgNO_3}}{1000}\times M_{Cl}}{G\times\frac{25}{250}}\times 100\%$$

思 考 题

1. 以 K_2CrO_4 作指示剂时，浓度的大小或加入量的多少对测定结果有什么影响？

2. 用莫尔法测定可溶性氯化物中的氯含量时，为什么要控制溶液的 pH 范围在 6.5～10.5？溶液的酸度过高或过低对测定将产生什么影响？

3. 当测定的溶液中含有 NH_4^+ 离子时，溶液的 pH 值应保持在 6.5～7.2 之间，这是为什么？

4. 本实验在用 $AgNO_3$ 滴定的过程中，为什么要充分摇动被测溶液？

实验十六　水中钙、镁含量的测定（EDTA 法）

一、实验目的

1. 了解水的硬度的表示方法。

2. 掌握 EDTA 法测定水中钙、镁含量的原理和方法。

3. 正确判断铬黑 T 和钙指示剂的滴定终点。

4. 掌握缓冲溶液的应用。

二、原　理

（一）水的硬度的表示法

通常，水中往往含有 Ca^{2+} 和 Mg^{2+}，水的硬度就是指水中钙、镁的含量而言。

水硬度的表示方法很多，各国采用的方法和单位也不甚一致。目前最常用的表示水的硬度的方法有两种：

(1)以度(°)表示　1 硬度单位表示 10 万份水中含 1 份 CaO，即 1L 水中含有 10mgCaO 时为 1°，或 1°＝10ppmCaO。

(2)以水中 CaO 的百万分数(ppm)表示，即相当于每 1L 水中含有 CaO 的毫克数($mg \cdot L^{-1}$)。其中第(2)种表示方法较为方便。

（二）测定原理

水中钙、镁的总量决定水的总硬度，其中由镁离子形成的硬度称为镁硬度，由钙离子形成的硬度称为钙硬度。

水中钙、镁离子含量可用 EDTA 滴定法测定。测定是以铬黑 T 作指示剂，在溶液酸度 pH＝10 时，用 EDTA 标准溶液滴定。根据 EDTA 溶液的浓度和用量，可以算出水的总硬度。

以铬黑T为指示剂，用EDTA滴定Mg^{2+}较滴定Ca^{2+}的终点更为敏锐。因此，在水样中含Mg^{2+}量较少时，用EDTA测定水硬度，终点不敏锐。为此，在配制EDTA时，可加入适量的Mg^{2+}。由于Ca^{2+}、Mg^{2+}与铬黑T、EDTA形成配离子的稳定性大小顺序如下：

$$CaY^{2-} > MgY^{2-} > MgIn^{-} > CaIn^{-}$$

因此，在滴定过程中Ca^{2+}把Mg^{2+}从MgY^{2-}中置换出来，Mg^{2+}与铬黑T形成紫红色配合物$MgIn^{-}$，终点时溶液由紫红色变成纯蓝色，变色比较敏锐。

钙硬度测定原理与总硬度测定原理相同，只是溶液的pH值应控制在大于12，所用的指示剂为钙指示剂。钙指示剂与Ca^{2+}形成紫红色配合物，当EDTA滴定Ca^{2+}时，使钙指示剂游离出来呈蓝色。因此滴定到达终点时，溶液由紫红色变为蓝色。

镁硬度可由总硬度减去钙硬度而得到。

根据下式计算水的总硬度：

水的总硬度(CaOmg·L^{-1})

$$= \frac{c_{EDTA} \times \frac{V_{1(EDTA)}}{1000} \times M_{CaO}}{V_{水}} \times 1000 \times 1000$$

钙硬度(CaOmg·L^{-1})

$$= \frac{c_{EDTA} \times \frac{V_{2(EDTA)}}{1000} \times M_{CaO}}{V_{水}} \times 1000 \times 1000$$

镁硬度(CaOmg·L^{-1})＝总硬度－钙硬度

式中，$V_{1(EDTA)}$为滴定水的总硬度时，所耗用的EDTA体积(ml)；$V_{2(EDTA)}$为滴定水的钙硬度时，所耗用的EDTA体积(ml)；$V_{水}$为测定时所取水样的体积(ml)。

三、仪器和试剂

(一)仪　器

50ml酸式滴定管1支；250ml容量瓶3只；25ml移液管3支；

250ml 锥形瓶 3 只；250ml 烧杯 3 只；500ml 烧杯 1 只；500ml 细口试剂瓶 1 只；20ml 量筒 2 个。

（二）试　剂

（1）$Na_2H_2Y \cdot 2H_2O$(EDTA)固体

（2）CaCO 固体(A. R.)

（3）$MgCl_2 \cdot 6H_2O$ 固体

（4）pH≈10 氨性缓冲溶液($NH_3 \cdot H_2O$-NH_4Cl)

（5）HCl 水溶液(1∶1)

（6）NaOH 溶液(10%，不含 CO_3^{2-} 和 HCO_3^-)

（7）0.5%铬黑 T 的三乙醇胺-无水乙醇溶液

称铬黑 T0.5g，加入三乙醇胺 75ml、无水乙醇 25ml。

（8）0.4%钙指示剂的甲醇溶液

称 0.4g 钙指示剂溶于 100ml 甲醇溶液中。

上述两种指示剂溶液均应在实验使用前新配制，不宜久放。

四、实验内容

（一）0.02mol·L^{-1}EDTA 标准溶液的配制与标定

1. 0.02mol·L^{-1}EDTA 标准溶液的配制

称取已烘干(在 80℃下烘 2～3 天)的 $Na_2H_2Y \cdot 2H_2O$ 4g，置于 500ml 烧杯中，加去离子水溶解，再加约 0.1g 的 $MgCl_2 \cdot 6H_2O$，待溶解后用去离子水稀释约至 500ml，然后转移至 500ml 细口试剂瓶中，摇匀。

2. 0.02mol·L^{-1}EDTA 标准溶液的标定

准确称取已烘干的 $CaCO_3$ 固体(在 120℃下烘干约 2 小时，然后置于干燥器中冷却备用)0.35～0.4g3 份，分别置于 3 只 250ml 烧杯中，先用少量去离子水润湿，盖上表面皿，再从烧杯嘴边缘逐滴加入 1∶1HCl 溶液(约 10～20ml)，加热溶解后定量地转移到 250ml 容量瓶中，用去离子水稀释至刻度，摇匀。

用移液管移取 3 份 25.00ml 配好的 Ca^{2+} 标准溶液，分别置于

3 只 250ml 锥形瓶中，加入 20ml 氨性缓冲溶液，加 3～5 滴铬黑 T 指示剂，用待标定的 EDTA 溶液滴定到溶液由紫红色变为纯蓝色，即为终点。

根据滴定用去的 EDTA 溶液体积和 $CaCO_3$ 质量，按下式计算 EDTA 溶液的准确浓度：

$$c_{EDTA}=\frac{\frac{m_{CaCO_3}}{M_{CaCO_3}}\times\frac{25}{250}}{\frac{V_{EDTA}}{1000}}$$

要求相对均差小于 0.2%。

(二)水的总硬度的测定

准确量取 50ml 水样，放入 250ml 锥形瓶中，加入 5ml 氨性缓冲溶液及 2～3 滴铬黑 T 指示剂，摇匀后用 EDTA 标准溶液滴定至溶液由紫红色变为纯蓝色，即为终点。记录所耗用的 EDTA 标准溶液体积 V_1。平行测定 3 次。

(三)水的钙硬度的测定

准确量取 50ml 水样放入 250ml 锥形瓶中，加入 10%NaOH 溶液 5ml 及 10 滴钙指示剂，混匀后用 EDTA 标准溶液滴定至溶液由紫红色变为蓝色，即为终点。记录所耗用的 EDTA 溶液体积 V_2。平行测定 3 次。

思 考 题

1. 用 EDTA 滴定法测定水的硬度时，一般采用什么指示剂？试液的 pH 值应如何控制？测定 Ca^{2+}、Mg^{2+} 时，为什么要分别使用两种缓冲溶液？

2. 用每升水样含 $CaCO_3$ 的量(ppm)表示水的总硬度时，试问该数值是否表明水中 $CaCO_3$ 的真实含量？为什么？

3. 为什么测定钙硬度时应用 NaOH 溶液调节试样的酸度？若 NaOH 溶液中含有 CO_3^{2-} 和 HCO_3^-，将对测定有何影响？

实验十七　磷的比色测定

(抗坏血酸-氯化亚锡显色法)

一、实验目的

1. 掌握抗坏血酸-氯化亚锡法测定磷含量的原理和方法。

2. 掌握 581－G 型光电比色计的使用方法。

二、原　理

测定试液中的微量磷,常用钼蓝比色法。根据所用还原剂的不同,钼蓝法一般可分为氯化亚锡法和抗坏血酸法两种。

氯化亚锡法灵敏度高,室温下可迅速显色,但颜色稳定时间短(仅 5～20 分钟),且易受 Fe^{3+} 的干扰。抗坏血酸钼蓝法具有颜色稳定时间长,Fe^{3+} 干扰小等优点,但室温下反应速度慢,且不完全,必须进行沸水浴加热,操作烦琐。若用抗坏血酸-氯化亚锡比色法,即在加入氯化亚锡前,先加入少量抗坏血酸。这种方法不但可以消除大量 Fe^{3+} 的干扰,增加钼蓝的稳定性,并能使显色在室温下迅速、完全,简化操作手续。

磷酸盐在酸性溶液中与钼酸铵作用,生成黄色钼磷酸,其反应如下:

$$PO_4^{3-}+12MoO_4^{2-}+27H^+ = H_7[P(Mo_2O_7)_6]+10H_2O$$

该种黄色化合物遇到还原剂,如抗坏血酸、氯化亚锡等,可被还原成钼蓝配合物,使溶液呈深蓝色。蓝色的深浅与磷的含量成正比。磷含量为 0.05～2.0$\mu g \cdot ml^{-1}$时服从朗伯-比耳定律。

SiO_3^{2-} 会干扰磷的测定,它也与钼酸铵生成黄色 $H_8[Si(Mo_2O_7)_6]$,并被还原为钼蓝。但可加酒石酸来控制 MoO_4^{2-} 浓度,使它不与

SiO_3^{2-} 发生反应。

待显色完全后,可用标准曲线法(或比较法)在光电比色计上测定标准溶液和待测溶液的吸光度,制作磷的标准曲线。测得待测溶液的吸光度,可在工作曲线上查出待测溶液的磷含量。

三、仪器和试剂

(一)仪　器

581－G 型光电比色计 1 台;50ml 容量瓶 7 只;10ml 吸量管 1 支;5ml 移液管 1 支;滴管 1 支。

(二)试　剂

(1)4%盐酸钼酸铵溶液:称 40g 钼酸铵(分析纯),溶于 600ml 浓 HCl(密度 1.19)中,慢慢加入 400ml 水,混匀。溶液中 HCl 的浓度为 $7.2mol \cdot L^{-1}$(HCl)。

(2)2%抗坏血酸溶液:称 0.5g 抗坏血酸(分析纯),溶于 25ml 去离子水中(新配)。

(3)0.5% $SnCl_2$ 溶液:称 0.2g$SnCl_2$(分析纯),用浓 HCl 溶解,加去离子水稀释至 40ml(新配)。

(4)标准磷溶液:称取 KH_2PO_4(分析纯)0.4793g 于 100ml 烧杯中,用少量去离子水溶解,定量移入 250ml 容量瓶中,稀释至刻度,摇匀。此溶液每毫升含 P_2O_5 1mg。吸取上述标准磷溶液 5ml 于 250ml 容量瓶中,稀释至刻度,摇匀。此溶液为含 P_2O_5 20ppm 的标准磷溶液。

(5)待测磷溶液。

四、实验内容

(一)标准曲线的绘制

分别准确移取 20ppmP_2O_5 标准溶液 0.0、1.0、3.0、5.0、7.0、9.0ml 于 6 个编号的 50ml 容量瓶中,各加入 25ml 去离子水,10 滴 2%抗坏血酸和 5ml4%盐酸-钼酸铵溶液(此时溶液体积应保持在 35ml 以下,若盐酸-钼酸铵溶液用量变化,可调节加入去离子水的量，以保持上述体积）。放置 5 分钟，加入 5 滴 0.5% $SnCl_2$，稀释至刻度，摇匀。以 1 号瓶中溶液为空白，调节光电比色计透光度为 100%，选用 650nm（即选用红色滤光片）入射光，在 581－G 型光电比色计上测出各吸光度值，以吸光度为纵坐标，P_2O_5 含量（μg/ml）为横坐标，绘制标准曲线。

（二）待测溶液中磷含量的测定

准确移取待测溶液 5.00ml 于 50ml 容量瓶中，在与标准溶液相同条件下显色并测其吸光度。从标准曲线上查出相应的 ppm 数，按下式计算待测溶液中 P_2O_5 的含量。

P_2O_5 含量（μg/ml）＝标准曲线上求得的组成量度（μg/ml）×试液稀释倍数

附：581－G 型光电比色计的使用说明

1. 将仪器（如图 17-1）所附电源线接上电源。

2. 将开关拨至“1”，用零点调节器调节光点到标尺的零位上（即百分透光度为 0）。

3. 选择合适厚度的比色皿，装入空白溶液和试样溶液，放入比色槽内，插入合适的滤光片，盖上暗箱盖。

4. 将开关拨到“2”预热 10 分钟，使光源达到稳定。将参比溶液（即空白溶液）推入光路，调节粗、细调节器使电流计光点指在透光度为 100 的位置上。

5. 将试样溶液推入光路，直接读出吸光度数值。

6. 每次使用完毕后，将开关拨至“0”。把滤光片取出。从仪器中取出比色皿，洗净后放回原处。然后将粗、细调节器反时针方向转到零位。切断电源。用罩将仪器罩好。

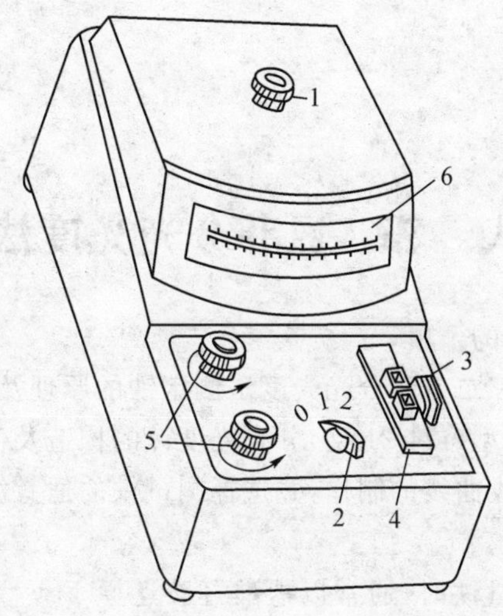

1—零点调节器　2—开关旋钮　3—滤光片

4—比色皿架　5—粗、细调节器　6—刻度标尺

图 17-1　581－G 型光电比色计外观图

思　考　题

1. 实验中为什么要用新配制的抗坏血酸和 $SnCl_2$ 溶液？

2. 显色剂的用量过多或过少对实验结果有无影响？

3. 何谓参比溶液？它有何作用？本实验能否采用去离子水作参比溶液？

实验十八　邻二氮菲分光光度法测定铁

一、实验目的

1. 掌握用邻二氮菲分光光度法测定铁的原理及方法。

2. 了解 72 型(或 721 型)分光光度计的构造及使用方法。

3. 学习吸收曲线的制作,并选择测量铁的适宜波长。

二、原　理

在测定微量铁时,通常以盐酸羟胺还原 Fe^{3+} 为 Fe^{2+},在 pH $=2\sim9$ 的范围内,Fe^{2+} 与邻二氮菲反应生成稳定的橙红色配合物 $[C_{12}H_8N_2)_3Fe]^{2+}$,其 $\lg K_f=21.3$。反应如下:

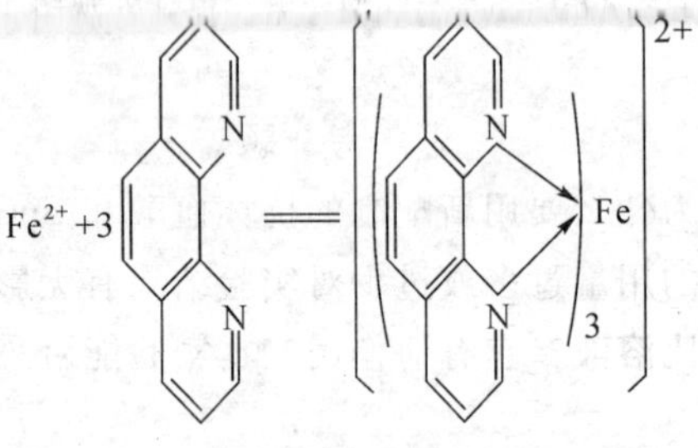

生成的红色配合物的最大吸收峰在 510nm 处。本方法不仅灵敏度高(摩尔吸光系数 $\varepsilon=1.1\times10^4$),而且选择性好。相当于含铁量 40 倍的 Sn^{2+}、Al^{3+}、Ca^{2+}、Mg^{2+}、Zn^{2+}、SiO_3^{2-},20 倍的 Cr^{3+}、Mn^{2+}、V(V)、PO_4^{3-},5 倍的 Co^{2+}、Cu^{2+} 等均不干扰测定。

三、仪器和试剂

(一)仪　器

72 型或 721 型分光光度计 1 台;50ml 容量瓶 6 只;2ml 吸量

管 2 支;1ml 吸量管 1 支;5ml 吸量管 1 支。

(二)试剂

(1)标准铁溶液(甲):准确称取 0.4822g$NH_4Fe(SO_4)_2 \cdot 12H_2O$于烧杯中,加入 80ml 1∶1 的 HCl 和少量水,溶解后,定量转移至 1L 容量瓶中,稀释至刻度,摇匀。其浓度为 1.00×10^{-3} mol·L^{-1}(Fe^{3+})。

(2)标准铁溶液(乙):准确称取 0.8634g$NH_4Fe(SO_4)_2 \cdot 12H_2O$ 于烧杯中,加入 20ml 1∶1 的 HCl 和少量水,溶解后,定量转移至 1L 容量瓶中,稀释至刻度,摇匀。每毫升含 Fe^{3+} 100μg,即 100ppm。

(3)邻二氮菲(0.15%水溶液,临时配制)。

(4)盐酸羟氨(10%水溶液,临时配制)。

(5)醋酸钠溶液(1mol·L^{-1})。

(6)HCl 溶液(6mol·L^{-1})。

四、实验内容

(一)吸收曲线的制作

用吸量管吸取 0.0、2.0ml 的 1.00×10^{-3} mol·L^{-1}(Fe^{3+})标准溶液分别置于 2 只 50ml 容量瓶中,各加入 1ml10%盐酸羟氨溶液,摇匀,加入 2ml0.15%邻二氮菲溶液,5ml1mol·L^{-1}(NaAc)溶液,用水稀释至刻度,摇匀。在 72 型(或 721 型)分光光度计上,用 1cm 比色皿,以试剂空白溶液为参比溶液,在 440～560nm 间,每隔 10nm 测定一次吸光度。以波长为横坐标,吸光度为纵坐标,绘制吸收曲线,从而选择测量铁的适宜波长。

(二)标准曲线的绘制

分别准确吸取 0.0、0.2、0.4、0.6、0.8、1.0ml 标准铁溶液(含 Fe^{3+} 100ppm)于 6 只已编号的 50ml 容量瓶中,各加入 1ml 10%盐酸羟氨溶液,充分摇匀后加入 2ml0.15%邻二氮菲溶液,5ml1mol·L^{-1}(NaAc)溶液,用水稀释到刻度,摇匀。在 72 型(或 721 型)分光光度计上，用 1cm 比色皿，以空白溶液为参比溶液，在所选定的波长下，分别测定各溶液的吸光度。以 Fe^{2+} 的组成量度(μg/ml)为横坐标，吸光度为纵坐标，绘制标准曲线。

(三)未知溶液中铁含量的测定

用 1ml 吸量管吸取 1ml 未知溶液置于 50ml 容量瓶中，依次加入 1ml10％盐酸羟胺溶液、2ml0.15％邻二氮菲溶液和 5ml $1mol \cdot L^{-1}$(NaAc)溶液，用水稀释至刻度，摇匀。在所选波长下测定其吸光度。

根据标准曲线找出相应的组成量度，计算未知液中铁的含量：

Fe 的含量(μg/ml)＝标准曲线上求得的组成量度(μg/ml)
×试液稀释倍数

附:72 型及 721 型分光光度计的使用说明

一、72 型分光光度计使用方法

1.将单色器(内有棱镜、透镜、波长盘、光量调节器等)的一边与稳压器相连(用两根导线)，另一边与检流计相接(用三根导线把单色器和微电计相对应的红点、绿点、黑点相接)，如图 18-1 所示。

2.将仪器按图接好后，先使检流计的电源开关、稳压器的电源开关及单色器的电源开关放在“关”的位置上，光量调节逆时针转至最小位置上，然后把稳压器及检流计接上 220V 交流电源。

3.将检流计的电源开关打开，光“线”出现在标尺上，以检流计的零位调节将光“线"准确地调到百分透光率标尺的“0”点上。

4.将稳压器的输出电压接到所需电压的接线柱上(10V 或 5.5V)，打开稳压器的电源开关和单色器的电源开关，把光路闸门拨到红点上，此时光源进入仪器的分光部分。顺时针方向旋转光量调节器到光门全部打开，使硒光电池达到最大的受光面积，隔 10 分钟待硒光电池趋于稳定后，开始使用仪器。

5.把波长调节器调到所需要的波长刻度处。

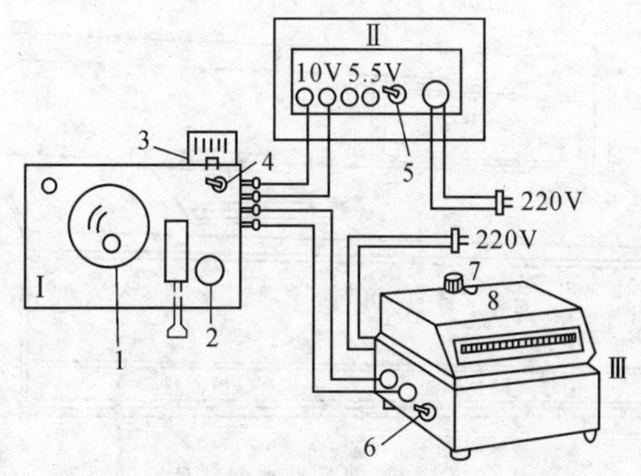

Ⅰ—单色器　Ⅱ—稳压器　Ⅲ—检流计

1—波长盘　2—光量调节　3—光路闸门　4、5、6—开关

7—检流计粗调　8—检流计细调

图 18-1　72 型分光光度计安装示意图

6. 将单色器的光路闸门拨到黑点上，再一次校正检流计的光"线"是否在百分透光率标尺的"0"点上。

7. 将盛放参比溶液的比色皿放入比色皿架，并置于光路中，盖好盖子，把光路闸门拨到红点后，旋动光量调节器使检流计上的光"线"准确地调到百分透光度"100"的读数上。

8. 将盛放被测溶液的比色皿推入光路，此时检流计标尺上所指的吸光读数即为被测溶液的吸光度。

9. 每次使用完毕后，应切断电源，将光量调节关至最小，然后取出比色皿(应立即洗净)，将仪器罩好。

二、721 型分光光度计使用方法

721 型分光光度计外形示意图如图 18-2 所示。

1. 仪器未接通电源时，电表指针必须位于"0"刻度线上，否则可用电表上的校正螺丝进行调节。

2. 将仪器的电源开关接通，打开比色皿暗箱盖。选择需要的单色光波长。参照步骤 3 选择灵敏度，调节"0"电位器使电表指

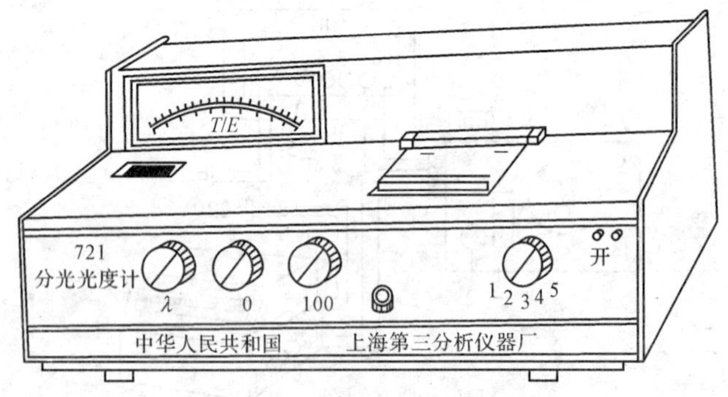

图 18-2　721 型分光光度计外形图

“0”;然后将暗箱盖合上,比色皿座处于空白溶液(如蒸馏水)校正位置,使光电管受光,旋转“100%”电位器,使电表指针指到满度附近,将仪器预热 20 分钟。

3. 放大器灵敏度有五档,是逐步增加的,“1”档最低。其选择原则是:保证能使空白档良好地调节到“100”的情况下,尽可能采用灵敏度较低的档,一般可置于“1”档,这样仪器具有较高的稳定性。改变灵敏度后需重新校正“0”和“100%”旋钮。

4. 预热后,按步骤 2 连续几次调整“0”和“100 %”旋钮,即可进行测定工作。

5. 如果大幅度改变测试波长时,在调整“0”和“100%”旋钮后,应稍待片刻(因钨丝灯急剧改变亮度,需要一段热平衡时间)。当指针稳定后,重新校正“0”和“100%”,然后进行测定工作。

6. 实验完毕,切断电源,将比色皿取出洗净,将仪器罩好。

思　考　题

1. 何谓吸收曲线? 何谓标准曲线? 各有何实际意义?

2. 检流计标尺上所刻的吸光度 A 和百分透光率 $T\%$ 之间的关系如何? 分光光度法测定时一般读取吸光度值,该值在标尺上取什么范围为宜？为什么？如何控制被测溶液的吸光度为0.2～0.7？

3. 显色时，加入还原剂、缓冲溶液、显色剂的顺序可否颠倒？为什么？

实验十九　溶液 pH 值的测定

一、实验目的

1. 了解电位法测定溶液 pH 值的原理和方法。

2. 学会酸度计的使用方法。

二、原　理

溶液 pH 值的测量，一般是用玻璃电极作指示电极，饱和甘汞电极作参比电极，组成一个原电池，在一定条件下测量电池的电动势，根据电池电动势与溶液中 H^+ 浓度存在的直线关系，计算被测溶液的 pH 值：

$$e = K + 0.0592pH_{试}$$

在实际工作中常用酸度计直接测定溶液 pH 值时，必须预先用已知 pH 值的标准缓冲溶液进行校正，即利用酸度计测定溶液的 pH 值时，选用标准缓冲溶液的 pH 值与待测溶液的 pH 值相接近来校准仪器，消除不对称电位等因素的影响。

常用的标准缓冲溶液有：酒石酸氢钾饱和溶液（pH＝3.56，25℃）；0.05mol・L^{-1} $KHC_8H_4O_4$（pH＝4.00，20℃）；0.025mol・L^{-1} KH_2PO_4- 0.025mol・L^{-1} Na_2HPO_4（pH＝6.88，20℃）；0.01mol・L^{-1} $Na_2B_4O_7$（pH＝9.23，20℃）。

三、仪器和试剂

（一）仪　器

PHS－2 型酸度计（或其他型号的精密酸度计）1 台；221 型玻璃电极和 222 型饱和甘汞电极各 1 支。

(二)试　剂

标准缓冲溶液

(1)pH＝4.00 标准缓冲溶液(20℃)：称取在 115±5℃下烘干 2～3 小时的 $KHC_8K_4O_4$(A.R.)10.12g，溶于不含 CO_2 的去离子水中，在容量瓶中稀释至 1000ml，混匀。

(2)pH＝6.88 标准缓冲溶液(20℃)：称取在 115±5℃下烘干 2～3 小时，经冷却的 KH_2PO_4(A.R.)3.39g 和 Na_2HPO_4(A.R.)3.53g，溶于不含 CO_2 的去离子水中，在容量瓶中稀释至 1000ml，混匀。

(3)pH＝9.23 标准缓冲溶液(20℃)：称取 $Na_2B_4O_7 \cdot 10H_2O$(A.R.)3.80g，溶于不含 CO_2 的去离子水中，在容量瓶中稀释至 1000ml，混匀。

四、实验内容

按 PHS－2 型酸度计测量 pH 值的操作方法进行测量。

(一)测量水样(取自来水及去离子水)的 pH 值

(二)土壤酸度的测定

1. 1∶5 土壤悬浊液制备：称取经 2mm 筛孔筛过的风干土样 5g。放在 50ml 烧杯中，用量筒加入 25ml 去离子水，间歇搅拌 15 分钟并放置 15 分钟，即可供测量用。

2. 土壤悬浊液 pH 值的测定。

附：PHS－2 型酸度计的使用方法

PHS－2 型酸度计是用电位法测量溶液中 H^+ 离子浓度常用的仪器，其面板装置如图 19-1 所示。

一、测量溶液 pH 的方法

1. 接通电源

按下电源键 5，指示灯亮。再按下 pH 按键 4，预热半小时。

2. 安装电极

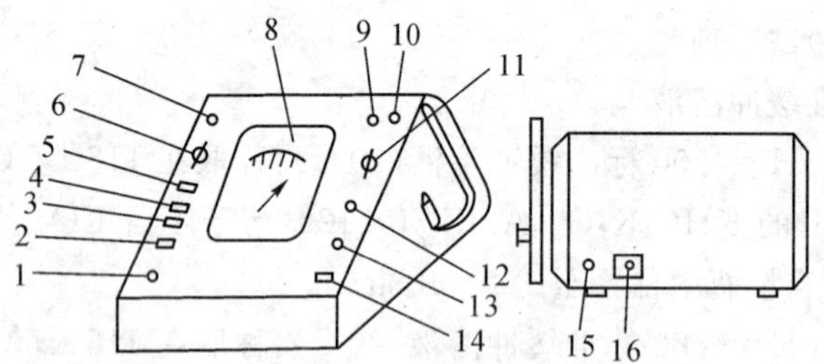

1—零点调节旋钮　2—(－mV)按键　3—(＋mV)按键
4—pH 按键　5—电源键　6—温度补偿旋钮　7—指示灯
8—指示电表　9—甘汞电极接线柱　10—玻璃电极插口
11—(mV－pH)量程分档开关　12—校正调节旋钮　13—定位调节旋钮　14—读数按键　15—保险丝　16—电源插座

图 19-1　PHS—2 型酸度计

将电极夹子夹在电极杆上,右边夹子夹玻璃电极,电极插头插进玻璃电极插口 10 内,并将小螺丝拧紧。甘汞电极夹在左边夹子上,电极引线接在甘汞电极接线柱 9 上。玻璃电极安装应比甘汞电极下部烧结陶瓷芯端稍高一些,以免碰破。使用甘汞电极时,应将其下端的保护橡皮塞拔下,以保持液位压差。

3. 零点调节与校正

(1)调节温度补偿旋钮 6,使其指示与被测溶液温度相同。

(2)将量程分档开关 11 旋至"6"位置上,调节零点调节旋钮 1,使表头指针指在"1.00"处。

(3)将量程分档开关 11 旋至"校正"位置,调节校正调节旋钮 12,使指针指在满刻度"2.00"处。

(4)重复上面的(2)、(3)操作直至稳定。最后把量程分档开关 11 旋至"6"处。

4. 定位

(1)在烧杯中倒入 pH 标准缓冲溶液(在测量前应先用广泛 pH 试纸预测一下待测溶液的 pH 值,使选用的 pH 标准缓冲溶液的 pH 值与待测溶液 pH 值相近)和搅拌磁子。将电极浸入溶液并进行搅拌。

(2)将量程分档开关 11 调至标准缓冲溶液范围内,按下读数按键 14,调节定位调节旋钮 13,使指示电表上的读数加上量程分档开关 11 上所指的读数正好等于标准缓冲溶液的 pH 值。

至此,在测量溶液 pH 的过程中,不得再动定位调节旋钮 13。

(3)放开读数按键 14,将电极上移,撤去盛标准缓冲溶液的烧杯,用去离子水洗净两电极,并用滤纸吸干电极。

5. 测量待测溶液的 pH 值

(1)将两电极插进待测溶液,放入搅拌磁子并进行搅拌。按下读数按键 14,选择适合的量程分档开关 11 的位置,使指示电表 8 可读出读数为止,记下读数(量程分档开关 11 上的指示值与电表 8 指示值之和,即为待测溶液的 pH 值)。

(2)测量完毕后,取出电极,用去离子水洗净。甘汞电极用滤纸吸干,塞上橡皮塞后放回电极盒中。玻璃电极泡在去离子水中。

(3)切断电源。

二、测量其他直流电压(mV)的方法

1. 同测量溶液 pH 的方法一。

2. 安装电极

用+mV 档测量时,玻璃电极插口 10 应接在被测电池的负极,甘汞电极的接线柱接在电池的正极。

用－mV 档测量时,玻璃电极插口应接在电池的正极,甘汞电极应接电池的负极。

3. 零点调节与校正

(1)测定正电位时,按下+mV 按键 3,并将量程分档开关 11 旋至“0”处。

(2)调节零点调节旋钮 1,使指示电表指针指在“1.00”处。

(3)将量程分档开关 11 旋至“校正”位置,调节校正旋钮 12,

使电表指针指在满刻度“2.00”处。

注意:测定负电位时,按下－mV 按键 2,零点调节与校正步骤基本与上述相同。量程分档开关 11 旋至“校正”位置时,调节校正调节旋钮 12 应使指针指在“－2.00”处。

(4)将量程分档开关 11 转向“0”,重复(2)、(3)操作,直至仪器稳定为止。

注意:经上面操作后,实验过程中不能再动校正调节旋钮 12。

4. 测量 mV 值

(1)按 mV 键

测正电位时,按＋mV 按键;测负电位时,按－mV 按键。

(2)将电极插入溶液后,按下读数按键 14,调节量程分档开关 11 至合适位置,使电表指针能读出＋mV 或－mV 指示值。记录后放开读数键 14。

(3)测量完毕后冲洗电极,切断电源。

思　考　题

1. 电位法测量溶液 pH 值的原理是什么?

2. 应用酸度计测量溶液 pH 值时,为什么必须使用标准缓冲溶液?

3. 使用和安装玻璃电极时应注意什么问题?

实验二十　离子选择性电极测定水中的氟含量

一、实验目的

1. 了解用 F^- 离子选择性电极测定水中微量氟的原理和方法。

2. 了解总离子强度调节缓冲溶液的意义和作用。

3. 掌握用标准曲线法测定水中微量 F^- 的方法。

二、原　理

离子选择性电极是以电位法测量溶液中某些特定离子浓度的指示电极。氟离子选择性电极(简称氟电极)是对溶液中的氟离子有专属性的离子选择电极。

氟电极由 LaF_3 单晶敏感电极薄膜、内参比电极(Ag-AgCl 电极)和内参比溶液(0.1mol·L^{-1} NaCl-0.1mol·L^{-1} NaF 溶液)组成,其简单结构如图 20-1 所示。

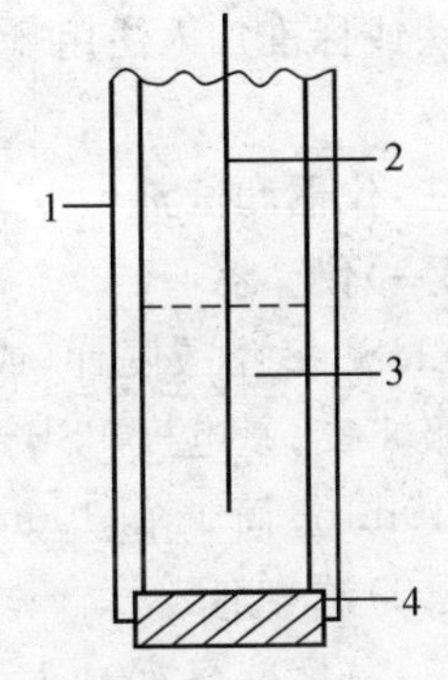

1—塑料管　2—Ag-AgCl 参比电极　3—0.1mol·L^{-1} NaF+0.1mol·L^{-1} NaCl 溶液　4—LaF_3 晶体

图 20-1　氟电极示意图

氟电极与参比电极组成电池后,工作电池的电动势与离子活度的对数成线性关系:

$$\varepsilon = K - \frac{2.303RT}{nF}\lg\alpha_{F^-}$$

测得电池电动势,即可求得 F^- 的活度(或浓度)。

待测溶液的离子强度对氟电极电位有影响，故测定时需在含 F^- 试液(及标准溶液)中加入惰性电解质，如 KNO_3、NaCl、$KClO_4$ 等，以控制总离子强度相同。

用氟电极测定 F^- 离子浓度时，最佳的 pH 范围为 5.5～8。pH 值过低，由于 F^- 部分形成 HF 或 HF_2^- 降低 F^- 的浓度，从而影响到氟电极电位；pH 值过高时，LaF_3 单晶膜中的 F^- 能与溶液中的 OH^- 发生交换作用，使溶液中 F^- 浓度增加而影响氟电极的电位。因此测定时需要控制待测试液的 pH 值。此外，凡是能与 F^- 形成稳定配合物或难溶沉淀的元素，如 Al、Fe、Ca、Mg、稀土元素等干扰测定，在测定时应加入掩蔽剂(如柠檬酸、EDTA 等)掩蔽。

当 F^- 离子浓度在 10^{-1}～10^{-5} mol・L^{-1} 范围内时，利用标准曲线法或标准加入法用氟电极直接测量。本实验采用的是标准曲线法。

三、仪器和试剂

(一)仪　器

PHS－2 型酸度计(或其他型号的精密酸度计)1 台；饱和甘汞电极 1 支；氟电极 CSB－F－1 型或其他型号)1 支；电磁搅拌器 1 台；10ml 量筒 1 个；100ml 塑料烧杯 2 只；50ml 容量瓶 6 只。

(二)试　剂

(1)氟标准溶液(0.1mol・L^{-1} NaF)：将分析纯 NaF 在 120℃ 烘干 2 小时，冷却后准确称取 2.09gNaF 放入 500ml 烧杯中，加入 100mlTISAB 溶液，加入 300ml 水，溶解后转移到 1000ml 容量瓶中，用去离子水稀释至刻度，摇匀，保存于聚乙烯塑料瓶中备用。

(2)总离子强度调节缓冲溶液(TISAB 溶液)：将 102gKNO_3(A.R.)、33gNaAc(A.R.)、32g 柠檬酸钾放入 1000ml 烧杯中，再加入 14ml 冰醋酸和 600ml 去离子水溶解。用 2%NaOH 或 HAc 调节溶液的 pH 值位于 5.5～6.5 之间，调好后加去离子水稀释至

1L，保存于试剂瓶中备用。

(3)1.0×10^{-3}mol·L^{-1}(NaF)溶液。

四、实验内容

(一)氟电极的准备(可由实验室教师预先准备好)

氟电极使用前应在盛有1.0×10^{-3}mol·L^{-1}(NaF)溶液的塑料烧杯中浸泡1～2小时，然后用去离子水洗到氟电极在去离子水中的电位约为－300mV左右(即空白电位)。当两次测定值相近时方可使用。

(二)标准曲线的绘制

1.标准溶液系列的配制

取5只50ml容量瓶，按2、3、4、5、6编号分别加入10mlTISAB溶液。然后按表20-1所示配制。

表20-1　标准溶液的配制

编号	c_{F^-} (mol·L^{-1})	配制方法
2	10^{-2}	用5ml移液管移取0.1mol·L^{-1}NaF标准溶液置于2号容量瓶中，加去离子水稀释至刻度，摇匀
3	10^{-3}	用5ml移液管移取上面配好的10^{-2}mol·L^{-1}NaF标准溶液置于3号容量瓶，加去离子水稀释至刻度，摇匀
4	10^{-4}	以下逐一稀释配制
5	10^{-5}	
6	10^{-6}	

2.标准溶液的测定与标准曲线的绘制

将标准系列溶液由低浓度到高浓度依次转移到100ml的塑料烧杯中，插入氟电极和饱和甘汞电极并按图20-2连接PHS—2型酸度计(两电极的连接和测量直流电压的具体方法见实验十九“附注”)。

电磁搅拌3分钟后停止搅拌，读取并记录电池电动势。每隔半分钟读一次数，直到 3 分钟内不变为止。每测定完一种溶液，均需用去离子水冲洗电极，并用吸水纸吸干，再进行下一种溶液的测定。

以电动势 ε(mV)值为纵坐标，标准系列溶液的浓度 c_{F^-} 为横坐标，在半对数坐标纸上绘出 $\varepsilon - c_{F^-}$ 图（或在普通坐标纸上，以 pF 为横坐标作 ε—pF 图）。

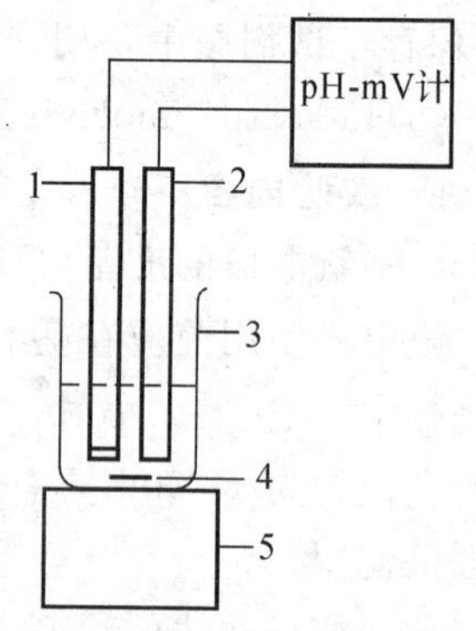

1—离子电极　2—参比电极
3—容器　4—搅拌磁子
5—电磁搅拌器

图 20-2　离子选择电极测量装置示意图

（三）水样中氟离子浓度的测定

取水样 25.00ml 于 50ml 容量瓶中，加入 10ml TISAB 溶液，用去离子水稀释至刻度，摇匀。

将氟电极在去离子水中洗干净，使其在纯水中测得的电位值与起始空白值（约 −300mV）相接近后，把水样全部转入 100ml 塑料烧杯中，按上法插入电极，连接酸度计，搅拌并测量电动势 ε (mV)值。按 ε 值从标准曲线上查出所测水样中所含 F^- 的浓度 c_{F^-}，按下式计算水样中的含氟量（以 $mg \cdot L^{-1}$ 表示）：

$$氟含量(mg \cdot L^{-1}) = c_{F^-} \times M_F \times 1000 \times \frac{50}{25}$$

式中，M_F 为 F 的摩尔质量。

测定结束后，用去离子水多次清洗氟电极，直到测得的电位值与起始空白值相接近为止。然后用吸水纸吸干电极，放入电极盒内保存。

思　考　题

1. 用氟电极测定 F^- 离子浓度的原理是什么？

2.本实验中的总离子强度调节缓冲溶液是由哪些组分组成的？各组分的作用如何？

3.测量F^-标准系列溶液的电位值时，为什么测定顺序要从低含量到高含量？

4.使用氟电极应该注意哪些问题？

实验二十一 醋酸的电位滴定

一、实验目的

1. 掌握酸碱电位滴定法测定醋酸的原理和方法。

2. 学会绘制电位滴定曲线并由曲线确定终点，计算被测物质含量和电离常数的原理和方法。

二、原 理

电位滴定法是根据滴定过程中，指示电极的电位或 pH 值产生"突跃"来确定终点的一种分析方法。

在用 NaOH 标准溶液滴定 HAc 溶液的酸碱电位滴定过程中，以玻璃电极为指示电极，饱和甘汞电极为参比电极，组成原电池。当不断地向 HAc 溶液滴入 NaOH 溶液时，溶液 H^+ 离子浓度不断变化，引起指示电极的电位不断变化，从而电池电动势不断变化。在滴定终点附近，产生电位"突跃"。通过测量溶液 pH 值变化和在终点附近发生的 pH 值突变，即可确定滴定终点。

以滴定时所加 NaOH 标准溶液的体积为横坐标，以溶液的相应 pH 值为纵坐标，可以绘出如图21-1所示的 pH—V 滴定曲线；曲线斜率的最大处，即曲线陡峭部分的中点就是滴定终点。

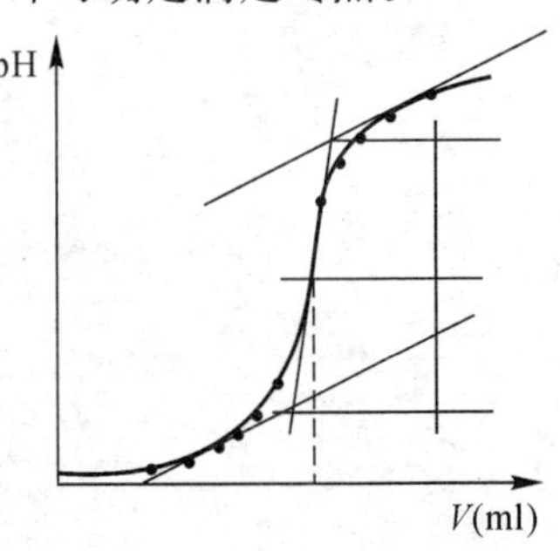

图 21-1 pH—V 曲线

根据滴定终点所对应的 NaOH 标准溶液的体积及其浓度，可以计算醋酸的含量。同时，根据滴定终

点所用 NaOH 标准溶液体积一半时对应的 pH 值,可求得 HAc 的电离常数。因为 HAc 在水溶液中电离为:

$$HAc \rightleftharpoons H^+ + Ac^- \qquad K_a = \frac{[H^+]\cdot[Ac^-]}{[HAc]}$$

当 HAc 被 NaOH 滴定一半时,溶液中$[Ac^-]=[HAc]$,因此 $K_a=[H^+]$,即 $pH=pK_a$,由此可求得醋酸的电离常数 K_a。

三、仪器和试剂

(一)仪　器

25mol 碱式滴定管 1 支;25ml 移液管 1 支;200ml 烧杯 2 只;ZD—2 型自动电位滴定计 1 台(可用 pH 计,电磁搅拌器及玻璃电极和甘汞电极代替)。

(二)试　剂

(1)0.1mol·L^{-1}(NaOH)标准溶液。

(2)0.2%酚酞指示剂。

(3)标准缓冲溶液,pH=8.67(20℃):0.2mol·L^{-1}($Na_2B_4O_7$)溶液和 0.1mol·L^{-1}(HCl)溶液按 7∶3 比例混合(10℃时,pH=8.72)。

(4)0.1mol·L^{-1}(HAc)溶液。

四、实验内容

(一)手动滴定

按仪器使用说明书安装电极、调节零点,用 pH=8.67 的标准缓冲溶液校正仪器。然后将电极用去离子水洗净,再用吸水纸吸干。

用移液管准确移取 25.00mlHAc 试液于 200ml 烧杯中,用去离子水稀释至 100ml,加入 2 滴酚酞指示剂,放入电极及搅拌磁子,开动电磁搅拌器,用标准 NaOH 溶液滴定。每加入一定量的标准溶液,测定并记录一次相应的 pH 值。开始滴定时,每次加入的 NaoH 溶液量可多些,近终点时要少加,可每加 0.1ml 测定一次 pH 值，在“突跃”部分要多测几个点，滴定到超过终点数毫升为止。

重复上述操作 3 次。

根据所得数据绘制 pH－V 曲线，由曲线确定滴定终点时的 V_{NaOH}，并计算 HAc 含量和 K_{HAc}。

（二）用 ZD—2 型自动电位滴定计滴定

按“使用说明”装好仪器，做好各项准备工作。

根据前面手动滴定结果，用终点调节器做好终点 pH 值定位，然后按规定进行滴定。自动滴定停止后读取 V_{NaOH}，与手动滴定结果比较。

滴定完毕后，取下甘汞电极，用水吹洗干净，再用滤纸吸干，放回原处保存。玻璃电极浸在去离子水中保存。

附：ZD—2 型自动电位滴定计使用方法

ZD—2 型自动电位滴定计由“ZD—2 型电位滴定计”和“DZ—1 型滴定装置”两部分组成。

“ZD—2 型”滴定计可单独作为酸度计使用，测定溶液 pH 值或电池电动势。

“ZD—2 型”与“DZ—1 型”配套使用，可以：

（1）进行 pH 值或电位值的控制；

（2）用人工手动电位滴定法进行滴定分析；

（3）进行自动电位滴定。

一、仪器主要部分外观示意图

（一）ZD—2 型自动电位滴定计

ZD—2 型仪器和电极夹子的外观示意图如图 21-2 所示。

（二）DZ—1 型滴定装置

DZ—1 型仪器外观示意图如图 21-3 所示。

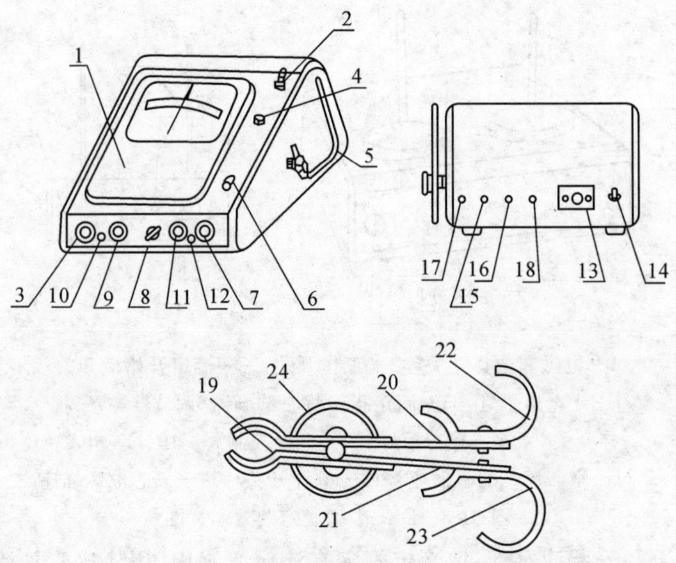

1—指示电表　2—玻璃电极插孔　3—预控制调节器　4—甘汞电极接线柱　5—*L* 型电极杆　6—读数开关　7—校正器　8—选择器　9—预定终点调节器　10—滴液开关　11—温度补偿调节器　12—电源指示灯　13—三芯电源插座　14—电源开关　15—记录器输入插座　16—输入电压调节器　17—配套插座　18—暗调节器　19—电极杆夹口　20—温度计夹口　21—滴液管　22—甘汞电极夹口　23—玻璃电极夹口　24—弹簧圈

图 21-2　ZD—2 型自动电位滴定计外观示意图

二、仪器安装和准备

(1)进行配套滴定时，应将 ZD—2 型放在左边，DZ—1 型放在右边，用双头插塞线连接。

(2)打开 ZD—2 型电源开关 14，预热 20 分钟。如果测量 pH 值或做酸碱滴定，应先用标准缓冲溶液校正 ZD—2 型。

(3)在 DZ—1 型上安装电磁控制阀、电极夹子和滴定管夹。

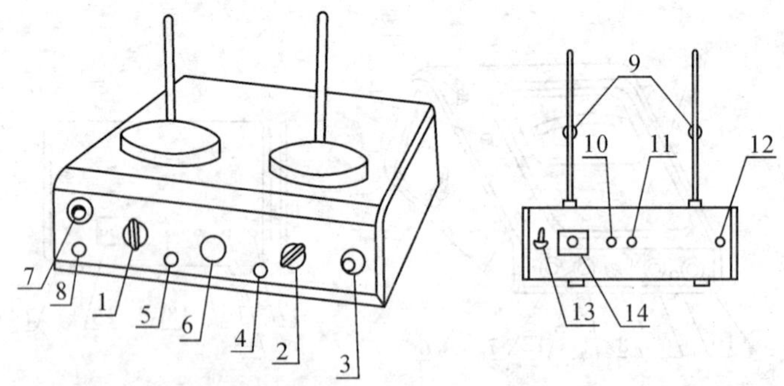

1—电磁阀选择开关　2—工作开关　3—滴定开始揿开关　4—终点指示灯　5—滴定指示灯　6—转速调节器　7—搅拌开关　8—搅拌指示灯　9—电磁控制阀　10、11—电磁阀插座　12—配套插座　13—电源开关　14—三芯电源插座

图 21-3　DZ—1 型滴定装置示意图

(4)安装滴定管:把滴定管夹在滴定管夹内,用橡皮管把滴定管出口与夹在电极夹右边小夹内的滴液管相连接。

调节电磁阀支头螺丝,使电磁阀未通时溶液不能流下,只有在电磁阀开通时溶液才能流下,并调节到适当流量。

(5)安装电极:把指示电极夹在电极右边夹口内,其接头插入 ZD—2 型的插孔 2 中;把参比电极夹在左边夹口内,其插头引出线接在 ZD—2 型的接线柱 4 上。

(6)把 ZD—2 型上的选择器 8 转向“测量 mV”或“测量 pH”档,按下读数开关 6,用校正器 7 把指针调到“7”(如果已经校正好 pH,则不做这一步)。

三、手动滴定

(1)升高电磁阀和电极,把放有搅拌磁子的盛试液的烧杯放在塑料盘中央,降低电磁阀和电极,使电极浸入溶液中。注意不能使电极碰到搅拌磁子。

使用左边电磁阀时,将 DZ—1 型上的选择开关 1 扳向“1”;使用右边电磁阀时，扳到“2”。

(2)打开 DZ—1 型的电源开关 13 及搅拌开关 7，并用转速调节器 6 调节转速。

(3)把 DZ—1 型的工作开关 2 扳向手动。

(4)把 ZD—2 型的选择器 8 转向“测量 mV”或“测量 pH”档。按下 ZD—2 型的读数开关 6，指针所指即试液的起始电位或起始 pH 值。

(5)按下 DZ—1 型的滴定开始揿开关 3，标准溶液流入试液，滴定指示灯 5 和终点指示灯 4 都亮，松开滴定开始揿开关 3，则标准溶液停止流入试液，两盏指示灯熄灭。

(6)逐渐滴定到超过等量点为止。每加入一定量标准溶液应记录 V－mV 或 V－pH 值。开始时每次可多加些，接近等量点时要微量加入。

四、自动滴定

(1)装好试液，开动搅拌开关，调节搅拌速度，参考本实验手动滴定中的(1)，(2)。

(2)把 DZ—1 型上的工作开关 2 扳向“滴定”。

(3)把 ZD—2 型上的选择器 8 转向“终点”，按下读数开关 6，转动预定终点调节器 9，使指针指在终点电位或终点 pH 上(可从手动滴定结果算出)。

(4)把选择器 8 转向“滴定 mV”或“滴定 pH”档，指针指示溶液的起始电位或起始 pH。

(5)若起始电位(或 pH 值)小于终点值，将 ZD—2 型上的滴液开关 10 扳向“－”；如起始电位(或 pH)大于终点值，则扳向“＋”。

(6)按下 DZ—1 型上的滴定开始揿开关 3，终点指示灯亮，滴定指示灯时亮时灭，放开开关，滴定自动进行。

(7)滴加标准溶液的速度，可通过 ZD—2 型上的预控制调节器 3 加以调节。逆时针转动滴液快,顺时针转动滴液慢,可由指示灯亮灭频率加以控制。

(8)滴定到终点,指针指示终点电位的突跃,15 秒钟后,指示灯熄灭,滴定结束。

注意:必须把电极插入溶液后,才能按下读数开关;必须在放开读数开关后,才能从溶液中取出电极。

思 考 题

1. 测定前用缓冲溶液的目的何在?为什么用 pH=8.67 的缓冲溶液?用 pH=4.01 的缓冲溶液可以吗?

2. 用 pH 电位滴定法,能否分别滴定下列混合物中的各组分(假定各组分的浓度相等)?

(1) HCl 和 HAc　　(2) HCl 和 H_3PO_4

(3) $NaOH$ 和 Na_2CO_3　　(4) Na_2CO_3 和 $NaHCO_3$

附　录

表一　常用酸碱的密度和浓度

试剂名称	密度(kg/m^3)	含量(%)	$c(mol\cdot L^{-1})$
盐　　酸	1.18～1.19	36～38	11.6～12.4
硝　　酸	1.39～1.40	65.0～68.0	14.4～15.2
硫　　酸	1.83～1.84	95～98	17.8～18.4
磷　　酸	1.69	85	14.6
高氯酸	1.68	70.0～72.0	11.7～12.0
冰醋酸	1.05	99.8(优级纯) 99.0(分析纯)	17.4
氢氟酸	1.13	40	22.5
氢溴酸	1.49	47.0	8.6
氨　　水	0.88～0.90	25.0～28.0	13.3～14.8

表二　常用缓冲溶液的配制

缓冲溶液组成	pK_a	缓冲液 pH	缓冲溶液配制方法
氨基乙酸-HCl	2.35 (pK_{a1})	2.3	取氨基乙酸 150g 溶于 500ml 水中后,加浓 HCl80ml,再用水稀至 1L
H_3PO_4-柠檬酸盐		2.5	取 $Na_2HPO_4\cdot 12H_2O$113g 溶于 200ml 水中,加柠檬酸 387g,溶角,过滤后,稀至 1L
一氯乙酸-NaOH	2.86	2.8	取 200g 一氯乙酸溶于 200ml 水中,加 NaOH40g,溶解后,稀至 1L
邻苯二甲酸氢钾-HCl	2.95 (pK_{a1})	2.9	取 500g 邻苯二甲酸氢钾溶液于 500ml 水中,加浓 HCl80ml,稀至 1L

续表

缓冲溶液组成	pK_a	缓冲液pH	缓冲溶液配制方法
甲酸-NaOH	3.76	3.7	取 95g 甲酸和 NaOH40g 于 500ml 水中,溶解,稀至 1L
NH_4Ac-HAc		4.5	取 NH_4Ac77g 溶于 200ml 水中,加冰 HAc59ml,稀至 1L
NaAc-HAc	4.74	4.7	取无水 NaAc83g 溶于水中,加冰 HAc60ml,稀至 1L
NH_4Ac-HAc		5.0	取 NH_4Ac250g 溶于水中,加冰 HAc25ml,稀至 1L
六亚甲基四胺-HCl	5.15	5.4	取六亚甲基四胺 40g 溶于 200ml 水中,加浓 HCl10ml,稀至 1L
NH_4Ac-HAc		6.0	取 NH_4Ac600g 溶于水中,加冰 HAc20ml,稀至 1L
NaAc-Na_2HPO_4		8.0	取无水 NaAc50g 和 $Na_2HPO_4 \cdot 12H_2O$50g,溶于水中,稀至 1L
Tris-HCl (三羟甲基氨甲烷) $CNH_2\equiv(HOCH_3)_3$	8.21	8.2	取 25gTris 试剂溶于水中,加浓 HCl8ml,稀至 1L
NH_3-NH_4Cl	9.26	9.2	取 NH_4Cl54g 溶于水中,加浓氨水 63ml,稀至 1L
NH_3-NH_4Cl	9.26	9.5	取 NH_4Cl54g 溶于水中,加浓氨水 126ml,稀至 1L
NH_3-NH_4Cl	9.29	10.0	取 NH_4Cl54g 溶于水中,加浓氨水 350ml,稀至 1L

注:(1)缓冲液配制后可用 pH 试纸检查。如 pH 值不对,可用共轭酸或碱调节。pH 值欲调节精确时,可用 pH 计调节。

(2)若需增加或减少缓冲液的缓冲容量时,可相应增加或减少共轭酸碱对的物质的量,然后按上述调节。

表三　常用基准物质的干燥条件和应用

基准物质		干燥后组成	干燥条件(℃)	标定对象
名　　称	分子式			
碳酸氢钠	$NaHCO_3$	Na_2CO_3	270～300	酸
碳酸钠	$Na_2CO_3 \cdot 10H_2O$	Na_2CO_3	270～300	酸
硼　　砂	$Na_2B_4O_7 \cdot 10H_2O$	$Na_2B_4O_7 \cdot 10H_2O$	放在含 NaCl 和蔗糖饱和液的干燥器中	酸
碳酸氢钾	$KHCO_3$	K_2CO_3	270～300	酸
草　　酸	$H_2C_2O_4 \cdot 2H_2O$	$H_2C_2O_4 \cdot 2H_2O$	室温空气干燥	碱或 $KMnO_4$
邻苯二甲酸氢钾	$KHC_8H_4O_4$	$KHC_8H_4O_4$	110～120	碱
重铬酸钾	$K_2Cr_2O_7$	$K_2Cr_2O_7$	140～150	还原剂
溴酸钾	$KBrO_3$	$KBrO_3$	130	还原剂
碘酸钾	KIO_3	KIO_3	130	还原剂
铜	Cu	Cu	室温干燥器中保存	还原剂
三氧化二砷	As_2O_3	As_2O_3	室温干燥器中保存	还原剂
草酸钠	$Na_2C_2O_4$	$Na_2C_2O_4$	130	氧化剂
碳酸钙	$CaCO_3$	$CaCO_3$	110	EDTA
锌	Zn	Zn	室温干燥器中保存	EDTA
氧化锌	ZnO	ZnO	900～1000	EDTA
氯化钠	NaCl	NaCl	500～600	$AgNO_3$
氯化钾	KCl	KCl	500～600	$AgNO_3$
硝酸银	$AgNO_3$	$AgNO_3$	280～290	氯化物
氨基磺酸	$HOSO_2NH_2$	$HOSO_2NH_2$	在真空 H_2SO_4 干燥中保存 48 小时	碱

表四　化合物式量表

分　子　式	式　量	分　子　式	式　量
Ag_3AsO_4	462.52	CO_2	44.01
AgBr	187.77	CaO	56.08
AgCl	143.32	$CaCO_3$	100.09
AgCN	133.89	CaC_2O_4	128.10
AgSCN	165.95	$CaCl_2$	110.99
Ag_2CrO_4	331.73	$CaCl_2 \cdot 6H_2O$	219.08
AgI	234.77	$Ca(NO_3)_2 \cdot 4H_2O$	236.15
$AgNO_3$	169.87	$Ca(OH)_2$	74.10
$AlCl_3$	133.34	$Ca_3(PO_4)_2$	310.18
$AlCl_3 \cdot 6H_2O$	241.43	$CaSO_4$	136.14
$Al(NO_3)_3$	213.00	$CdCO_3$	172.42
$Al(NO_3)_3 \cdot 9H_2O$	375.13	$CdCl_2$	183.32
Al_2O_3	101.96	CdS	144.47
$Al(OH)_3$	78.00	$Ce(SO_4)_2$	332.24
$Al_2(SO_4)_3$	342.14	$Ce(SO_4)_2 \cdot 4H_2O$	404.30
$Al_2(SO_4)_3 \cdot 18H_2O$	666.41	$CoCl_2$	129.84
As_2O_3	197.84	$CoCl_2 \cdot 6H_2O$	237.93
As_2O_5	229.84	$Co(NO_3)_2$	182.94
As_2S_3	246.02	$Co(NO_3)_2 \cdot 6H_2O$	291.03
$BaCO_3$	197.34	CoS	90.99
BaC_2O_4	225.35	$CoSO_4$	154.99
$BaCl_2$	208.42	$CoSO_4 \cdot 7H_2O$	281.10
$BaCl_2 \cdot 2H_2O$	244.27	$CO(NH_2)_2$	60.06
$BaCrO_4$	253.32	$CrCl_3$	158.36
BaO	153.33	$CrCl_3 \cdot 6H_2O$	266.45
$Ba(OH)_2$	171.34	$Cr(NO_3)_3$	238.01
$BaSO_4$	233.39	Cr_2O_3	151.99
$BiCl_3$	315.34	CuCl	99.00
BiOCl	260.43	$CuCl_2$	134.45

续表

分子式	式量	分子式	式量
$CuCl_2 \cdot 2H_2O$	170.48	HBr	80.91
CuSCN	121.62	HCN	27.03
CuI	190.45	HCOOH	46.03
$Cu(NO_3)$	187.56	CH_3COOH	60.05
$Cu(NO_3)_2 \cdot 3H_2O$	241.60	H_2CO_3	62.03
CuO	79.55	$H_2C_2O_4$	90.04
Cu_2O	143.09	$H_2C_2O_4 \cdot 2H_2O$	126.07
CuS	95.61	HCl	36.46
$CuSO_4$	159.06	HF	20.01
$CuSO_4 \cdot 5H_2O$	249.68	HI	127.91
$FeCl_2$	126.75	HIO_3	175.91
$FeCl_2 \cdot 4H_2O$	198.81	HNO_3	63.01
$FeCl_3$	162.21	HNO_2	47.01
$FeCl_3 \cdot 6H_2O$	270.30	H_2O	18.015
$FeNH_4(SO_4)_2 \cdot 12H_2O$	482.18	H_2O_2	34.02
$Fe(NO_3)_3$	241.86	H_3PO_4	98.00
$Fe(NO_3)_3 \cdot 9H_2O$	404.00	H_2S	34.08
FeO	71.85	H_2SO_3	82.07
Fe_2O_3	159.69	H_2SO_4	98.07
Fe_3O_4	231.54	$Hg(CN)_2$	252.63
$Fe(OH)_3$	106.87	$HgCl_2$	271.50
FeS	87.91	Hg_2Cl_2	472.09
Fe_2S_3	207.87	HgI_2	454.40
$FeSO_4$	151.91	$Hg_2(NO_3)_2$	525.19
$FeSO_4 \cdot 7H_2O$	278.01	$Hg_2(NO_3)_2 \cdot 2H_2O$	561.22
$Fe(NH_4)_2(SO_4)_2 \cdot 6H_2O$	392.13	$Hg(NO_3)_2$	324.60
H_3AsO_3	125.94	HgO	216.59
H_3AsO_4	141.94	HgS	232.65
H_3BO_3	61.83	$HgSO_4$	296.65

续 表

分子式	式量	分子式	式量
Hg_2SO_4	497.24	K_2SO_4	174.25
$KAl(SO_4)_2 \cdot 12H_2O$	474.38	$MgCO_3$	84.31
KBr	119.00	$MgCl_2$	95.21
$KBrO_3$	167.00	$MgCl_2 \cdot 6H_2O$	203.30
KCl	74.55	MgC_2O_4	112.33
$KClO_3$	122.55	$Mg(NO_3)_2 \cdot 6H_2O$	256.41
$KClO_4$	138.55	$MgNH_4PO_4$	137.32
KCN	65.12	MgO	40.30
$KSCN$	97.18	$Mg(OH)_2$	58.32
K_2CO_3	138.21	$Mg_2P_2O_7$	222.55
K_2CrO_4	194.19	$MgSO_4 \cdot 7H_2O$	246.47
$K_2Cr_2O_7$	294.18	$MnCO_3$	114.95
$K_3Fe(CN)_6$	329.25	$MnCl_2 \cdot 4H_2O$	197.91
$K_4Fe(CN)_6$	368.35	$Mn(NO_3)_2 \cdot 6H_2O$	287.04
$KFe(SO_4)_2 \cdot 12H_2O$	503.24	MnO	70.94
$KHC_2O_4 \cdot H_2O$	146.14	MnO_2	86.94
$KHC_2O_4 \cdot H_2C_2O_4 \cdot 2H_2O$	254.19	MnS	87.00
$KHC_4H_4O_6$	188.18	$MnSO_4$	151.00
$KHSO_4$	136.16	$MnSO_4 \cdot 4H_2O$	223.06
KI	166.00	NO	30.01
KIO_3	214.00	NO_2	46.01
$KIO_3 \cdot HIO_3$	389.91	NH_3	17.03
$KMnO_4$	158.03	CH_3COONH_4	77.08
$KNaC_4H_4O_6 \cdot 4H_2O$	282.22	NH_4Cl	53.49
KNO_3	101.10	$(NH_4)_2CO_3$	96.09
KNO_2	85.10	$(NH_4)_2C_2O_4$	124.10
K_2O	94.20	$(NH_4)_2C_2O_4 \cdot H_2O$	142.11
KOH	56.11	NH_4SCN	76.12

续表

分子式	式量	分子式	式量
NH_4HCO_3	79.06	Na_2S	78.04
$(NH_4)_2MoO_4$	196.01	$Na_2S \cdot 9H_2O$	210.18
NH_4NO_3	80.04	Na_2SO_3	126.04
$(NH_4)_2HPO_4$	132.06	Na_2SO_4	142.04
$(NH_4)_2S$	68.14	$Na_2S_2O_3$	158.10
$(NH_4)_2SO_4$	132.13	$Na_2S_2O_3 \cdot 5H_2O$	248.17
NH_4VO_3	116.98	$NiCl_2 \cdot 6H_2O$	237.70
Na_3AsO_3	191.89	NiO	74.70
$Na_2B_4O_7$	201.22	$Ni(NO_3)_2 \cdot 6H_2O$	290.80
$Na_2B_4O_7 \cdot 10H_2O$	381.37	Ni	90.76
$NaBiO_3$	279.97	$NiSO_4 \cdot 7H_2O$	280.86
$NaCN$	49.01	P_2O_5	141.95
$NaSCN$	81.07	$PbCO_3$	267.21
Na_2CO_3	105.99	PbC_2O_4	295.22
$Na_2CO_3 \cdot 10H_2O$	286.14	$PbCl_2$	278.11
$Na_2C_2O_4$	134.00	$PbCrO_4$	323.19
CH_3COONa	82.03	$Pb(CH_3COO)_2$	325.29
$CH_3COONa \cdot 3H_2O$	136.08	$Pb(CH_3COO)_2 \cdot 3H_2O$	379.34
$NaCl$	58.44	PbI_2	461.01
$NaClO$	74.44	$Pb(NO_3)_2$	331.21
$NaHCO_3$	84.01	PbO	223.20
$Na_2HPO_4 \cdot 12H_2O$	358.14	PbO_2	239.20
$Na_2H_2Y \cdot 2H_2O$	372.24	$Pb_3(PO_4)_2$	811.54
$NaNO_2$	69.00	PbS	239.26
$NaNO_3$	85.00	$PbSO_4$	303.26
Na_2O	61.98	SO_3	80.06
Na_2O_2	77.98	SO_2	64.06
$NaOH$	40.00	$SbCl_3$	228.11
Na_3PO_4	163.94	$SbCl_5$	299.02

续 表

分 子 式	式 量	分 子 式	式 量
Sb_2O_3	291.50	$Sr(NO_3)_2 \cdot 4H_2O$	283.69
Sb_2S_3	339.68	$SrSO_4$	183.69
SiF_4	104.08	$UO_2(CH_3COO)_2 \cdot 2H_2O$	424.15
SiO_2	60.08	$ZnCO_3$	125.39
$SnCl_2$	189.60	ZnC_2O_4	153.40
$SnCl_2 \cdot 2H_2O$	225.63	$ZnCl_2$	136.29
$SnCl_4$	260.50	$Zn(CH_3COO)_2$	183.47
$SnCl_4 \cdot 5H_2O$	350.58	$Zn(CH_3COO)_2 \cdot 2H_2O$	219.50
SnO_2	150.69	$Zn(NO_3)_2$	189.39
SnS_2	150.75	$Zn(NO_3)_2 \cdot 6H_2O$	297.48
$SrCO_3$	147.63	ZnO	81.38
SrC_2O_4	175.64	ZnS	97.44
$SrCrO_4$	203.61	$ZnSO_4$	161.44
$Sr(NO_3)_2$	211.63	$ZnSO_4 \cdot 7H_2O$	287.55